"十二五"普通高等教育本科国家级规划教材

教育部—英特尔精品课程配套教材

辽宁省精品课程配套教材

高等学校计算机基础教育规划教材

程序设计基础（C语言）
实验指导与测试（第3版）

高克宁 李金双 焦明海 张昱 编著

U0227614

清华大学出版社

北京

内 容 简 介

本书是《程序设计基础(C语言)(第3版)》的配套实验与测试教材,全书分为3个部分,分别是实验指导、基本概念测试和工程案例。其中实验部分和基本概念测试部分是配合《程序设计基础(C语言)(第3版)》中各章节教学内容所安排的。实验部分具有覆盖相应章节教学内容、突出各知识点、实验指导细致的特点。基本概念测试中提供了与教材中各章节相对应的测试题,以利于学习者加深理解,拓宽知识,提高能力。

本书适合作为高等院校理工类各专业本科生教材,也可作为计算机培训教材。

图书在版编目(CIP)数据

程序设计基础(C语言)实验指导与测试 / 高克宁等编著.—3 版.—北京:清华大学出版社,2018
(2025.3重印)
(高等学校计算机基础教育规划教材)
ISBN 978-7-302-49853-7

Ⅰ.①程…　Ⅱ.①高…　Ⅲ.①C语言-程序设计-高等学校-教学参考资料　Ⅳ.①TP312.8

中国版本图书馆 CIP 数据核字(2018)第 052435 号

责任编辑:袁勤勇　战晓雷
封面设计:常雪影
责任校对:白　蕾
责任印制:杨　艳

出版发行:清华大学出版社
　　　　网　　　　址:https://www.tup.com.cn,https://www.wqxuetang.com
　　　　地　　　　址:北京清华大学学研大厦 A 座　　　邮　　编:100084
　　　　社　总　机:010-83470000　　　　　　　　　邮　　购:010-62786544
　　　　投稿与读者服务:010-62776969,c-service@tup.tsinghua.edu.cn
　　　　质　量　反　馈:010-62772015,zhiliang@tup.tsinghua.edu.cn
　　　　课　件　下　载:https://www.tup.com.cn,010-83470236
印　装　者:三河市铭诚印务有限公司
经　　销:全国新华书店
开　　本:185mm×260mm　　　印　　张:19.5　　　字　　数:444 千字
版　　次:2013 年 8 月第 1 版　2018 年 5 月第 3 版　　印　　次:2025 年 3 月第 10 次印刷
定　　价:58.00 元

产品编号:076097-02

前　言

　　程序设计是一门实践性很强的课程,仅仅通过理论学习不足以完全掌握程序设计的精髓,必须通过大量的程序设计实践来提高对程序设计的认知。本书作为《程序设计基础(C语言)(第3版)》的配套教材,旨在帮助学生掌握程序设计的基本技能。

　　本书共分3个部分。第1部分以跨平台开发环境Code::Blocks为实验环境,针对教材精心设计了14个实验,每个实验包括实验目的、实验指导和实验内容。其中实验指导给出了详细的实验设计思路和实验步骤,对自行开展实验活动具有重要的指导意义。第2部分针对教材各章的内容相应地给出了大量的基本概念测试题,对加深和巩固对基本概念的理解有很大帮助。第3部分给出了两个综合案例,每个案例都按照程序设计的完整过程给予详尽的指导,以进一步培养学生的综合实践能力。附录主要包括与Code::Blocks实验环境对应的Visual C++ 6.0集成开发环境介绍、实验内容奇数题参考答案、基本概念测试参考答案及解析和常用C语言函数库。

　　参与本书编写的主要人员有高克宁、李金双、焦明海、张昱、李凤云、李婕、赵长宽等。

　　本书是"十二五"普通高等教育本科国家级规划教材、教育部-英特尔精品课程配套教材、辽宁省精品资源共享课程配套教材。

　　由于作者水平有限,书中难免有不足之处,真诚地欢迎各位专家和读者批评指正,以帮助我们进一步完善本书。作者的联系方式如下:

　　电子邮件:gkn@cc.neu.edu.cn

　　通信地址:(110819)辽宁 沈阳 东北大学计算中心　高克宁

作　者

2018年1月 于东北大学

目录

第 1 部分 实验指导

第 2 部分 基本概念测试

第 3 部分 工 程 案 例

第1部分

实 验 指 导

第1部分

安全监管

熟悉实验环境

Code∷Blocks 是一个开放源码的全功能跨平台 C/C++ 集成开发环境,可稳定运行在 32 位和 64 位操作系统中。附录 A 提供了另一个开发软件——Microsoft Visual C++ 6.0 的介绍,请读者根据自己的实际情况选择合适的软件进行编程实践。在各实验的"实验指导"部分给出了必要的提示信息。

1.1 实 验 目 的

(1) 熟悉 C 语言运行环境,了解和使用 Code∷Blocks 集成开发环境。

(2) 熟悉 Code∷Blocks 环境的功能键和常用的功能菜单命令。

(3) 掌握 C 语言程序的书写格式和 C 语言程序的结构。

(4) 掌握 C 语言上机步骤,以及编辑、编译和运行一个 C 程序的方法。

(5) 掌握 Code∷Blocks 环境下的简单编译错误的修改方法。

1.2 实 验 指 导

在本实验中,使用 Code∷Blocks 编制两个简单的程序。程序的要求和目标如下:

(1) 在屏幕上输出一个字符串"Hello World!",掌握编辑、编译、运行一个 C 程序的方法。

(2) 用键盘输入两个数,计算并输出这两个数的和。通过对该程序的修改运行,初步掌握 Code∷Blocks 中的简单编译错误的修改方法。

如果读者使用 Microsoft Visual C++ 6.0 软件进行实验操作,下面的实验指导部分请参考附录 A 的"A.1 熟悉 Microsoft Visual C++ 6.0 实验环境"。

1. 程序一

编辑、编译和运行 C 语言程序的过程主要包括以下 4 个步骤:

- 编辑:将程序代码输入 C 程序源文件(.c 文件)中。
- 编译:将源文件编译成目标程序文件(.obj 文件)。

- 链接：将目标程序文件和其他相关文件链接成可执行文件（.exe 文件）。
- 运行：运行可执行文件。

上述 4 个步骤中，第一步的编辑工作是最繁杂的，必须由编程人员在编辑器中逐步编写完成，其余几个步骤则相对简单，基本上由集成开发环境自动完成。

启动 Code::Blocks 应用软件，在如图 1-1 所示的编译器自动检测对话框中选择 GNU GCC Compiler。GCC 是一种能应用到许多操作系统上的编译器，我们用它编译 C 语言。单击 OK 按钮确定所做的选择。

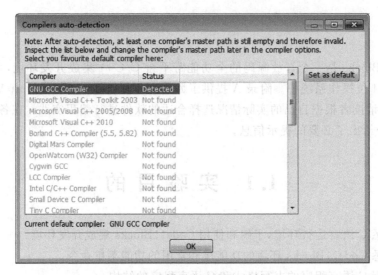

图 1-1　编译器自动检测对话框

在如图 1-2 所示的 Code::Blocks 应用程序界面中，选择 File 菜单中的 New→Project 命令。

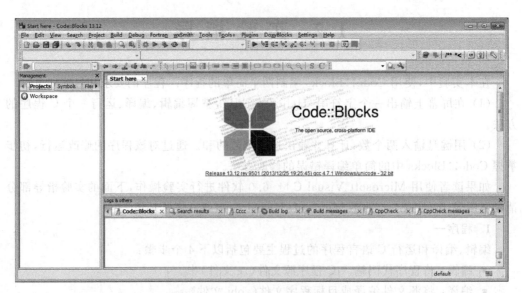

图 1-2　Code::Blocks 应用程序界面

弹出图 1-3 所示的 New from template 模板选择对话框,选择 Console application,单击 Go 按钮继续。

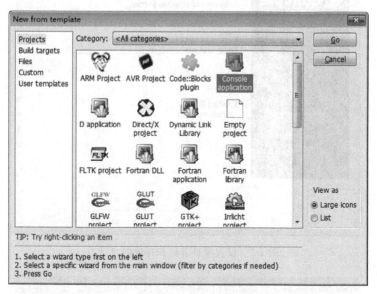

图 1-3　模板选择对话框

在弹出的如图 1-4 所示的 Console application 对话框中选择 C 语言,单击 Next 按钮继续。

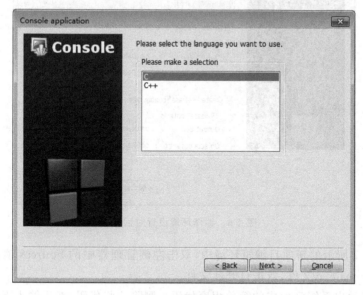

图 1-4　选择语言

在弹出的如图 1-5 所示的 Console application 对话框的第二个页面中设定项目名称为 hello,项目存放的目录为"d:",单击 Next 按钮继续。

在弹出的如图 1-6 所示的 Console application 对话框的第三个页面中设置编译环境,并单击 Finish 按钮完成新项目的创建工作。

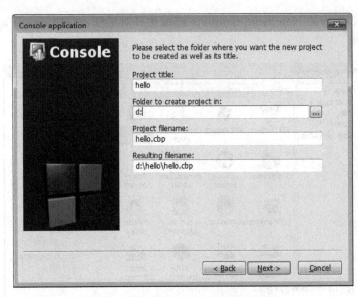

图 1-5　设置项目名称和存放的目录

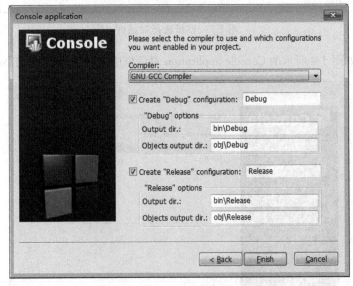

图 1-6　编译环境设置对话框

在如图 1-7 所示的新项目编辑环境中,双击左侧管理器中的 Sources 项,显示系统已经生成了一个 main.c 文件,双击打开此文件。

在右侧显示出系统已生成的简单程序代码。删除这些代码,然后输入下面的代码:

```c
#include <stdio.h>
void main()
{
    printf("Hello World!\n");
}
```

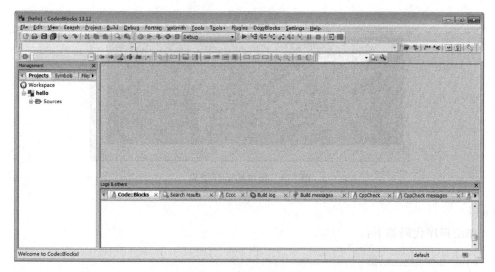

图 1-7　新项目编辑环境

完成后界面如图 1-8 所示。

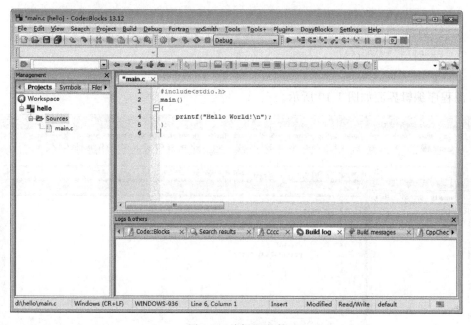

图 1-8　编辑源文件

选择 Build 菜单下的 Build and run 命令创建并运行程序,显示如图 1-9 所示的程序运行结果,即在控制台窗口中显示字符串"Hello World!"。

按下键盘任意一个按键后,此控制台界面关闭。

2. 程序二

编写加法程序,输入两个整数,输出它们的和。

在开始编写第二个程序时,应建立新的空工程,创建新的 C 语言源文件,工程的名称

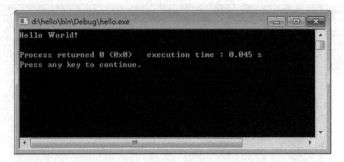

图 1-9　程序的运行结果

为 add。

加法程序代码如下：

```c
#include <stdio.h>
main()
{
    int a,b,c;
    scanf("%d%d",&a,&b);
    c=a+b;
    printf("%d\n",c);
}
```

源程序编辑界面如图 1-10 所示。

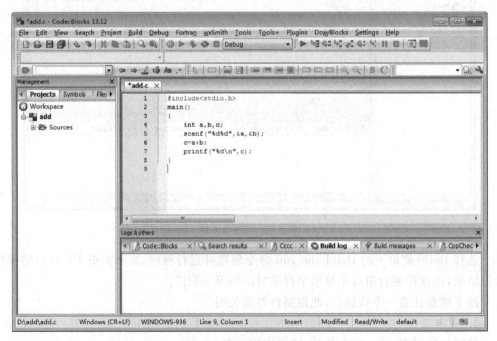

图 1-10　加法程序的源代码

创建并运行程序,在程序运行窗口中输入 3 ⊔5(⊔表示空格,下同),然后回车,运行结果如图 1-11 所示。

图 1-11　加法程序的运行结果

另一种输入方式是输入 3 后回车,再输入 5 后回车,也能得到正确的结果。

可输入"3,5",看一下程序的运行结果。

提示:如果在编写第二个程序时,没有关闭原来的工程而直接创建新的 C 语言源文件,程序编译运行的就可能是原来的程序,而不是新创建的源程序。

在程序运行正确的基础上,删除"scanf("%d%d",&a,&b);"语句以及"c＝a＋b;"语句末尾的分号,重新编译程序,这时会出现编译错误。在编译器的输出窗口显示有编译错误,如图 1-12 所示。

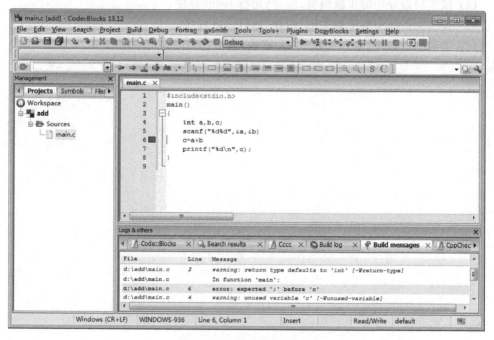

图 1-12　编译错误提示界面

在源程序的第 6 行出现红色方块标记,在下面的 Build messages 中提示信息为"error：expected ';' before 'c'"。因为在源程序中可任意输入空格和回车,因此在标识符 c 前面添加分号实际上就是在 scanf 语句后添加分号。

需要注意的是,只有在本例这样明确可知下一条语句后也应添加分号的情况下,才可一次修改若干个错误。通常情况下,改正第一条错误后就应该重新编译程序。有时后面的错误是由于前面的错误引起的,改正了前面语句的错误,后面的错误也就自动消失了。

在源程序的第 2 行也有一行提示信息,这条信息以 warning 开始,表明这是一条警示信息,不进行处理也不会影响程序的运行结果,在此不予处理,后面会有详细讲解。

在程序正确的情况下,分别修改下面的语句,熟悉简单的编译错误提示信息:

(1) 将语句"int a,b,c;"中的 c 去掉。

(2) 将 scanf 修改为 scamf。

(3) 将 scanf 语句中的变量 a、b 前的 & 符号去掉。

(4) 将 scanf 语句中的右引号去掉。

(5) 在 printf 语句中的 c 前加上 & 符号。

上面有一些修改会产生编译错误,有一些修改会导致运行时得不到正确的结果(逻辑错误)。

1.3　实验内容

(1) 按实验指导中的步骤编辑、编译、运行 hello 程序。

(2) 按实验指导中的步骤编辑、编译、运行 add 程序。

(3) 编写一个程序,输入 a、b、c 3 个整数,输出它们的和与平均数。

简单程序设计

2.1　实　验　目　的

（1）掌握 C 语言数据类型，熟悉如何定义一个整型、字符型和实数类型的变量，以及不同的数据类型的常用输入输出方法。

（2）学会使用 C 语言的算术运算符，以及用这些运算符编写简单的算术表达式。

（3）能够编写简单的顺序结构程序。

2.2　实　验　指　导

本实验指导中将编写两个程序，程序的要求和目标如下：

（1）计算两个数的乘积和商，熟悉单精度数、双精度数的输入输出，理解整数除法、实数除法的不同，掌握％运算符的用法。

（2）用键盘输入两个小写字母，输出其 ASCII 码值和对应的大写字母，熟悉字符变量的输入输出，理解字符类型与整数类型之间的关系。

1. 程序一

编写程序，输入两个数，计算它们的乘积和商。

代码一：

```
#include <stdio.h>
main()
{
    int a,b,c,d;
    scanf("%d%d",&a,&b);
    c=a*b;
    d=a/b;
    printf("%d,%d\n",c,d);
}
```

编译运行，按下面的要求输入数值，观察程序运行结果。

（1）输入 8 ⌴4,输出结果：

32,2

（2）输入 9 ⌴4,输出结果：

36,2

（3）输入 8.0 ⌴4,输出结果：

1717986912,0

分析：

当输入 9 ⌴4 时,由于变量 a 和 b 都是整数,所以 a/b 的计算结果(商)是整数 2,而不是实数 2.25；scanf 语句中的%d 代表输入一个整数,因为输入的是一个实数 8.0,因此输入语句获得的是不合法的数值(注意,此数值在不同的机器上可能会有所不同),计算结果自然也就不正确了。

在进行整数除法时,可以使用%运算符获得余数,将语句"d＝a/b;"改为"d＝a%b;",重新编译运行程序,观察 d 的输出结果。

要使程序支持实数类型数据的输入,可以使用 float 数据类型或者 double 数据类型。使用 float 类型时,在输入输出语句中将代码一中的%d 改为%f;而使用 double 类型时,在输入输出语句中将代码一中的%d 改为%lf(long float 的含义)。

代码二,用 double 类型重写程序：

```c
#include <stdio.h>
main()
{
    double a,b,c,d;
    scanf("%lf%lf",&a,&b);
    c=a*b;
    d=a/b;
    printf("%lf,%lf\n",c,d);
}
```

编译运行,按下面的要求输入数值,观察输出结果。

（1）输入 8.0 ⌴4,输出结果：

32.000000,2.000000

（2）输入 9 ⌴4,输出结果：

36.000000,2.250000

程序运行正确,但输出结果中显示了较长的有效位数,可以将输出语句"printf("%lf,%lf\n",c,d);"改为"printf("%5.1lf,% 5.1lf\n",c,d);",重新编译运行程序,输入 9 ⌴4,输出结果：

⌴36.0, ⌴⌴2.3

以上输出语句中的格式 %5.1lf 中,5 表示输出占 5 位,1 表示保留 1 位小数,舍去的位数自动四舍五入。

在编译器中,double 数据类型是默认的实数类型,也就是说,如果不特别说明,实数被自动认为是 double 类型的,因此通常采用 double 类型编写涉及实数的程序。请读者使用 float 类型改写此程序,熟悉 float 类型的输入输出。

2. 程序二

编写程序,用键盘输入两个小写字母,输出其 ASCII 码值和对应的大写字母。

程序代码如下:

```
#include <stdio.h>
main()
{
    char a,b;
    scanf("%c%c",&a,&b);
    printf("%d,%c;%d,%c\n",a,a-32,b,b-32);
}
```

编译运行,按下面的要求输入字母,观察程序运行结果。

(1) 输入 ad,输出结果:

97,A;100,D

(2) 输入 a___d,输出结果:

97,A;32,

分析:

小写字母 a 的 ASCII 码值是 97,d 的 ASCII 码值是 100,而大小写字母在 ASCII 码表中差值为 32,因此(1)的输出结果正确;在(2)中,变量 b 中得到的是空格,其 ASCII 码值是 32,所以产生这样的输出结果。

在 C 语言中,也经常使用 getchar 函数获得字符,使用 putchar 函数输出字符,特别是需要获得回车字符时无法使用 scanf 函数输入。下面是使用 getchar 和 putchar 函数改写的程序:

```
#include <stdio.h>
main()
{
    char a,b;
    a=getchar();
    b=getchar();
    printf("%d,",a);
    putchar(a-32);
    putchar('\n');
    printf("%d,",b);
    putchar(b-32);
```

```
    putchar('\n');
}
```

注意：putchar()函数直接使用字符时要用单引号，双引号表示字符串。

2.3　实 验 内 容

（1）输入一个小写字母，输出该字母在字母表中的位置。例如，输入字母 a，则输出 1；输入字母 x，则输出 24。

（2）字母加密。输入一个小写字母，将其替换为其后的第 4 个字母，如到达字母表末尾（字母 z），则其下一个字母是字母 a。例如，输入字母 a，则输出字母 e；输入字母 x，则输出字母 b。

（3）有些国家用华氏度表示温度，华氏温度用字母 F 表示。摄氏温度（C）和华氏温度（F）之间的换算关系为 F＝9/5C＋32，或 C＝5/9(F－32)。编写程序，输入华氏温度 F，输出摄氏温度 C。

（4）编写程序，把 1000min 换算成用小时和分钟表示，然后输出。

（5）输入一个实数，将其四舍五入，保留两位小数后输出。注意，要先四舍五入再输出，不是仅在输出时保留两位小数。

（6）编写程序，读入 3 个实数，求出它们的平均值并保留此平均值小数点后一位数，对小数点后的第二位数四舍五入，最后输出此平均值。

实验 3

分支控制结构

3.1 实 验 目 的

（1）学会正确使用逻辑运算符和逻辑表达式。

（2）熟练掌握 if、if…else、if…else if…语句，掌握 if 语句中的嵌套关系和匹配原则，利用 if 语句实现分支选择结构。

（3）熟练掌握 switch 语句格式及其使用方法，利用 switch 语句实现分支选择结构。

3.2 实 验 指 导

本实验指导中将编写两个程序，程序的要求和目标如下：

（1）输入三角形的三边长，判断这个三角形是否直角三角形。熟悉 if 语句的书写格式，掌握交换两个数的算法。

（2）输入年和月，输出该月的天数。熟悉 switch 语句的书写格式，掌握分支结构的嵌套使用。

1. 程序一

编写程序，输入三角形的三边长，判断这个三角形是否直角三角形。

程序代码如下：

```
#include <stdio.h>
void main()
{
    int a,b,c,temp;
    scanf("%d%d%d",&a,&b,&c);
    if(a<b)
    {
        temp=a ;
        a=b ;
        b=temp ;
```

```
        }
    if(a<c)
    {
        temp=a;
        a=c;
        c=temp;
    }
    if(a*a==b*b+c*c)
        printf("能组成直角三角形\n");
    else
        printf("不能组成直角三角形\n");
}
```

分析：

（1）算法分析。为简单起见，不考虑不能构成三角形的情况。判断直角三角形采用勾股定理，首先要找出三边中最长的边（斜边），然后判断最长边的平方是否等于其余两边平方的和，若相等就是直角三角形，否则就不是直角三角形。

（2）main 函数有许多不同的书写形式，最常见的有 3 种：main()、void main()和 int main()，具体含义学习了后面的函数就清楚了。

（3）由于 3 条边在后面的判断中还要使用，所以将最长的边存放在 a 中，第一个 if 语句保证 a 中存放的是 a、b 中的长边，第二个 if 语句在第一个判断的基础上保证 a 中存放的是 3 条边中的最长边。

（4）在交换语句中使用了临时变量 temp，如果直接写语句"a＝c;"，变量 a 中的数据将不复存在，因此需先将 a 中的数据存放在临时变量 temp 中。

（5）在程序书写上，前两个 if 语句后的一对括号"{}"不能省略，因为符合条件后将执行 3 条语句，必须使用复合语句。最后一个 if 语句省略了{}，因为其后只有一条输出语句。

（6）在 if 的条件后面千万不能添加分号";"，否则相当于符合条件后执行一条空语句。

（7）编译程序，直到没有错误，输入下面的数据并回车，观察程序运行结果：

3 ⌴4 ⌴5
4 ⌴5 ⌴6

2. 程序二

编写程序，输入年和月，输出该月的天数。

程序代码如下：

```
#include <stdio.h>
void main()
{
    int year,month,daynum;
    scanf("%d%d",&year,&month);
```

```
switch (month)
{
    case 2:
        if ((year%4==0&&year%100!=0)||(year%400==0))
            daynum=29;
        else
            daynum=28;
        break;
    case 4:
    case 6:
    case 9:
    case 11:
        daynum=30;
        break;
    default: /*这里剩下的是 1,3,5,7,8,10,12 月*/
        daynum=31;
        break;
}
printf("year=%d,month=%d,daynum=%d\n",year,month,daynum);
}
```

分析：

（1）算法。在 12 个月中，除了 2 月外，其他月份的天数是固定的，因此程序的重点在于对 2 月的处理。2 月的天数会因为闰年而不同，闰年 2 月有 29 天，平年 2 月是 28 天。而满足两个条件之一的年份即为闰年：①能被 4 整除，但不能被 100 整除；②能被 400整除。

（2）使用 switch 语句对多分支情况进行处理结构清晰，但只适用于整数类型的数据（或可看作整数类型的数据，如字符类型）。通常情况下每一个分支都应用 break 语句结束。

（3）判断是否闰年的逻辑表达式较长，对这样较复杂的表达式应尽量用括号来保证运算的优先级，同时也能提高程序的可读性。

（4）良好的程序书写习惯能提高程序的可读性，也更有利于写出正确的程序。例如，本例中的 if 语句嵌套于 switch 语句之中，语句的缩进既表明了程序的层次，也有利于程序的阅读。

（5）编译程序，直到没有错误，输入下面的数值，观察程序运行结果：

2016␣2

2017␣2

2017␣9

2017␣10

尝试其他的年和月，验证程序的正确性。

3.3 实验内容

(1) 编写符号函数。

要求：

输入双精度类型实数。

- 如果输入的是正数，输出 1。
- 如果输入的是负数，输出 −1。
- 如果输入的是 0，输出 0。

(2) 输入一个整数，将其数值按小于 10,10～99,100～999,1000 及以上分类并显示。

要求：

① 使用 if 语句完成分类。

② 输出格式：例如输入 358 时，输出 358 is 100 to 999。

(3) 编写计算函数 y 值的程序。

$$y = \begin{cases} 1+x, & x<2 \\ 1+(x-2)^2, & 2 \leqslant x < 4 \\ (x-2)^2+(x-1)^3, & 4 \leqslant x \end{cases}$$

要求：

① 使用 if 语句完成程序。

② 输出格式为：x＝输入值,y＝计算结果值。

(4) 输入三角形 3 条边的长度 a、b、c，求三角形的面积 S。

提示： $S = \sqrt{m(m-a)(m-b)(m-c)}$，$m = (a+b+c)/2$。在 C 语言中，可以使用 sqrt()函数求平方根，使用该函数需要在程序开头包含 math.h 头文件。

要求：

① 3 条边定义为双精度类型实数。

② 只有这 3 条边能构成三角形时输出其面积，否则输出错误提示信息。

③ 不考虑输入的数字包含负数的情况。

(5) 变量 a、b、c 为整数，从键盘读入 a、b、c 的值，a 为 1 时显示 b 与 c 之和，a 为 2 时显示 b 与 c 之差，a 为 3 时显示 b 与 c 之积，a 为 4 时显示 b/c 之商，其他数值不做任何操作。

要求：

① 输入的 3 个数用逗号分隔。

② 使用 switch 多分支结构完成此程序。

(6) 输入一个 5 位的正整数，判定该正整数是否为一个回文数（即正读和反读都相同的数，例如 12321）。

要求：

① 如果输入的不是 5 位正整数，输出错误提示信息。

② 输出格式：例如输入的是 12321，输出"12321 是回文数"；输入的是 12345，输出"12345 不是回文数"。

实验 **4**

循 环 控 制 结 构

4.1　实　验　目　的

（1）熟练掌握 while 语句、do…while 语句和 for 语句的格式及使用方法。

（2）掌握 3 种循环语句的循环过程以及循环结构的嵌套,利用 3 种循环语句实现循环结构。

（3）掌握简单、常用的算法,并在编程过程中体验各种算法的编程技巧。

（4）学习调试程序,掌握检查语法错误和逻辑错误的方法。

4.2　实　验　指　导

本实验指导中将编写两个程序,程序的要求和目标如下:

（1）输入 10 个数,计算其最大值、最小值和平均值并输出。熟悉 3 种循环语句的书写格式。

（2）根据公式,求出 π 的值。学习调试程序,掌握通过设置断点、跟踪变量的变化发现逻辑错误的程序调试方法。

1. 程序一

编写程序,输入 10 个数,计算其最大值、最小值和平均值并输出。

使用 while 循环语句,程序代码如下:

```
#include <stdio.h>
void main()
{
    int i;
    double x,max,min,ave;
    scanf("%lf",&x);
    max=min=ave=x;
    i=1;
    while(i<=9)
```

```
    {
        scanf("%lf",&x);
        if(max<x)
            max=x;
        if(min>x)
            min=x;
        ave=ave+x;
        i++;
    } .
    ave=ave/10;
    printf("max=%lf,min=%lf,ave=%lf\n",max,min,ave);
}
```

分析:

(1)算法。输入第一个数,它既可能是最大的数,也可能是最小的数,同时将其存放在和值中(和值先存放在 ave 中)。接着对其余 9 个数字执行以下操作:①与最大值比较,如果最大值比当前值小,当前值可能是最大的值,当前值存放在最大值 max 中;②与最小值比较,如果最小值比当前值大,则当前值可能是最小值,当前值存放在最小值 min 中;③累加当前值到 ave 中。循环执行完毕求平均值,输出程序结果。

(2)语句 while(i≤9)后面不能加分号";",否则程序将其视为一条空语句,程序进入死循环状态。

(3)编译运行程序,查看输出结果。

使用 for 循环语句的程序代码如下:

```
#include <stdio.h>
void main()
{
    int i;
    double x,max,min,ave;
    scanf("%lf",&x);
    max=min=ave=x;
    for(i=1;i<=9;i++)
    {
        scanf("%lf",&x);
        if(max<x)
            max=x;
        if(min>x)
            min=x;
        ave=ave+x;
    }
    ave=ave/10;
    printf("max=%lf,min=%lf,ave=%lf\n",max,min,ave);
}
```

分析：

（1）对于这种循环次数已知的程序，特别适合用 for 循环语句编写。for 语句将循环条件变量的初始化、循环条件判断表达式、循环条件变量值的改变写在一行中，程序阅读更为方便。

（2）请自行用 do…while 语句完成这个程序。注意，与 while 语句相反，在 do…while 语句中，while 后面的循环判定条件后必须加上分号。

2. 程序二

编写程序，根据下面的公式求出 π 的值。

$$\frac{\pi^2}{6} = \frac{1}{1^2} + \frac{1}{2^2} + \cdots + \frac{1}{n^2}$$

首先计算等号右边的求和，然后调用 sqrt 函数计算 π 的值。代码如下：

```
#include <stdio.h>
#include <math.h>
void main()
{
    double pi=0;
    int i,n;
    scanf("%d",&n);
    for(i=1;i<=n;i++)
        pi=pi+1/(i*i);
    pi=sqrt(6*pi);
    printf("pi=%lf\n",pi);
}
```

编译运行程序。

输入：20

输出：pi＝2.449490

输入：30

输出：pi＝2.449490

很明显，编写的程序有逻辑上的错误，因为两个输出结果完全一样。随着编写的程序越来越复杂，很难仅通过阅读程序就能发现逻辑上的错误，这时编译器的调试功能就有了用武之地，而且对我们来说也会越来越重要。

很容易想到，程序的求和部分可能出现了错误，因为输入 20 和 30 计算的结果是一样的，说明求得的和是一样的。在无法直接确定错误原因的情况下，通过软件的程序调试功能找到问题所在（如果使用 Microsoft Visual C++ 6.0 实验环境，程序调试功能参见附录 A 的 A.2 节）。

代码编辑界面如图 4-1 所示。

将光标的输入点放置在 for 语句行的任意位置上，选择 debug 菜单中的 Toggle breakpoint 命令，会在这一行的最左端出现一个红色断点，如图 4-2 所示。注意，如果再次选择此命令，则此红色断点将被删除。

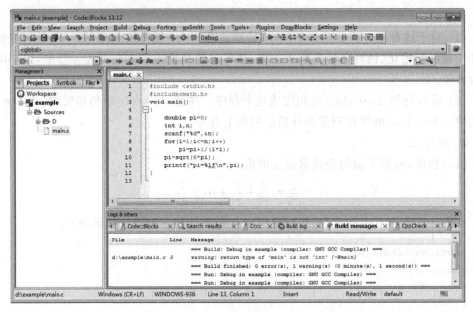

图 4-1 代码编辑界面

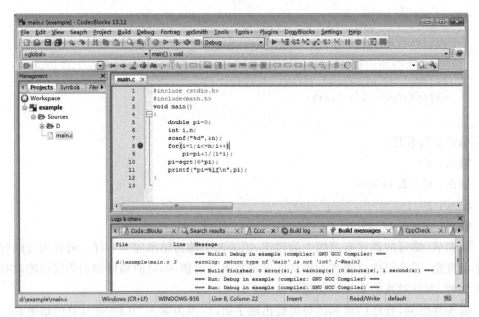

图 4-2 设置断点

单击组建工具条断点按钮旁边的调试 ▶ 按钮(注意不是运行 ▶ 按钮,也可以通过 Debug 菜单选择)开始调试程序,在窗口中输入 20 之后,程序中止执行,这时单击代码编辑窗口,会发现在设置的断点上出现一个黄色箭头,表示程序运行到此位置,如图 4-3 所示。这时程序处于调试状态。

选择 Debug 菜单中的 Debugging windows→Watches 命令,会显示出 Watches 窗口,即图 4-4 中代码右侧的窗口,调整此窗口的位置。

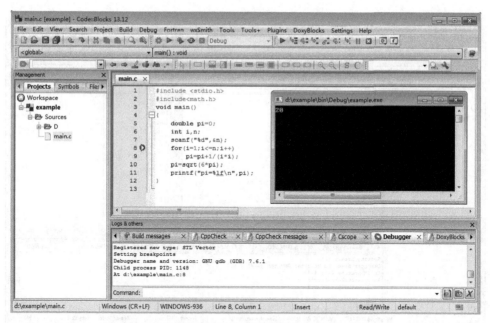

图 4-3　程序中止于断点上

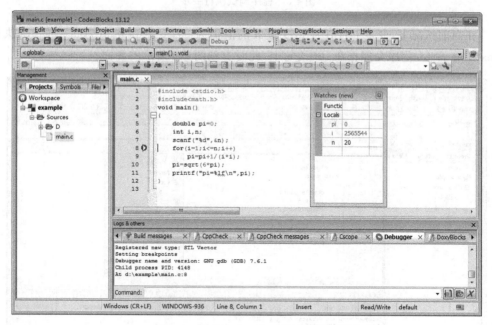

图 4-4　带 Watches 窗口的调试界面

通过该窗口的显示可知,当程序运行到这里时,变量 pi 的值是 0,变量 i 的值因为还没有执行初始化语句,是一个随机值(因此实际运行时显示的数值可能与图中不同),变量 n 的值是 20,说明输入语句正确。

选择 Debug 菜单下的 Next line 命令(也可单击调试工具栏中的 按钮),程序将执行完当前行,黄色箭头移到下一行,提示程序执行到此处,如图 4-5 所示。

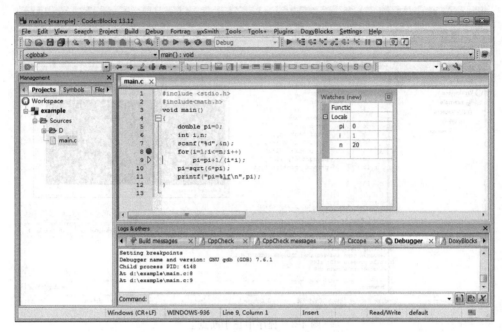

图 4-5　程序调试执行一步

在当前情况下,变量 i 的值为 1,变量 n 的值仍为 20,变量 pi 的值为 0。再一次执行 Next line 命令,程序又停止在 for 语句上,此时看到图 4-6 所示的界面。

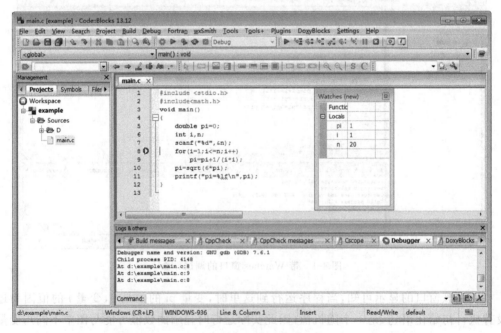

图 4-6　程序调试再执行一步

在 Watches 窗口中,我们能看到 i 的值为 1,n 的值仍为 20。而变量 pi 的值为 1,这是

刚将 1/(1 * 1)加入的结果。再次执行 Next line 命令,会发现 i 的值变为 2,循环将第二次
执行循环体。再次执行 Next line,此时进入图 4-7 所示的界面。

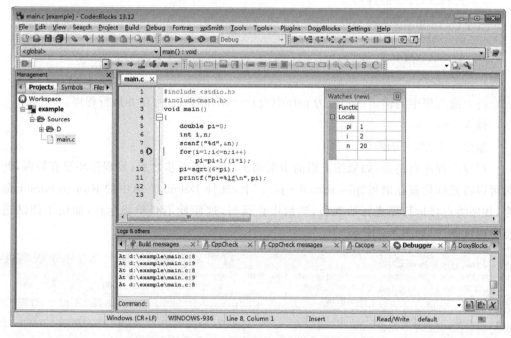

图 4-7　通过调试找到错误

在 Watches 窗口中,我们发现变量 pi 的值为 1,而此时 pi 的值应为 1.25,说明 pi 在
加上 1/(2 * 2)时出现了错误。这时就能发现原来数字 1 和变量 i 都是整型变量,因此当 i
的值大于 1 时,根据整数除法,1/(i * i)的运算结果为 0,因此无论输入什么样的 n 值,pi
的值都为 1,因此输入 20 和 30 都输出相同的结果就不足为奇了。

因为找到了错误,没有必要再调试下去了,选择 Debug 菜单下的 Stop debugger 命令
结束程序调试,将 pi=pi+1/(i * i);语句改为 pi=pi+1.0/(i * i);语句。去掉断点(不去
掉也没有影响)后运行程序(单击 ▶ 按钮)。

输入:20

输出:pi=3.094670

输入:30

输出:pi=3.110129

可以看到,当 n 越大,程序的结果就越接近 π 的值,程序正确。

最终的程序代码如下:

```c
#include <stdio.h>
#include <math.h>
void main()
{
    double pi=0;
```

```
    int i,n;
    scanf("%d",&n);
    for(i=1;i<=n;i++)
        pi=pi+1.0/(i*i);
    pi=sqrt(6*pi);
    printf("pi=%lf\n",pi);
}
```

将上面程序中的输出语句改为 printf("pi=%d\n",pi)，构建并运行程序。

输入：20

输出：pi=409991246

很显然程序有错误，如果按上面的步骤调试，运行若干步之后，发现循环没有错误，此时可以将光标放置在语句"pi=sqrt(6*pi);"上，选择 Debug 菜单中的 Run to cursor 命令，程序将直接运行到光标所在行，然后中止运行，这样就不必单步运行，加快了调试进度。继续调试，如图 4-8 所示。

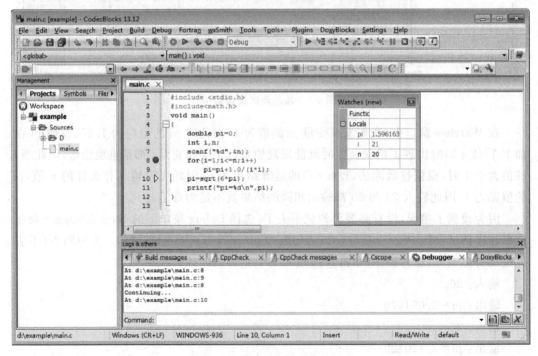

图 4-8　调试时运行到光标处

再一次执行 Next line 命令，在图 4-9 界面中很容易发现错误的原因。

变量 pi 的值正确，那么自然是输出语句的错误了，整个调试结束。

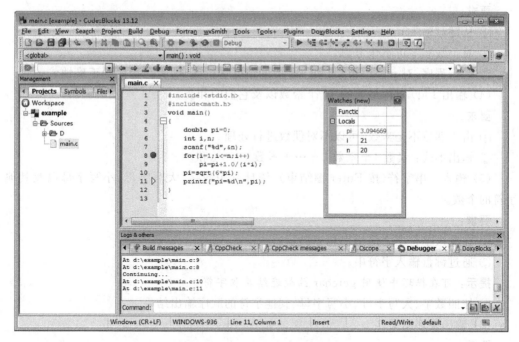

图 4-9　通过调试找到逻辑错误

4.3　实　验　内　容

(1) 输入一个整数,计算各位数字之和。

要求:

① 从键盘输入整数 n。

② 输出其各位数字之和,输出格式要求:如果输入 1234,则输出"整数 1234 的各位数字之和为 10"。

③ 对负数不作考虑。

④ 输入其他整数验证程序的正确性。

(2) 输入一个整数,判断其是否回文数。

要求:

① 从键盘输入整数 n。

② 判断其是否为回文数,输出格式要求:

如果输入 1234,则输出"整数 1234 不是回文数。"

如果输入 1221,则输出"整数 1221 是回文数。"

③ 对负数不作考虑。

④ 输入其他整数验证程序的正确性。

(3) 输入两个整数 m 和 n,求它们的最大公约数和最小公倍数。

要求：

① 从键盘输入 m、n。

② 对负数和零可不作考虑。

③ 运行程序，对 m＞n、m＜n 和 m＝n 的情况进行测试，验证程序的正确性。

（4）输出 1000 以内最大的 10 个素数以及它们的和。

要求：

① 由于偶数不是素数，可以不对偶数进行处理。

② 输出形式：素数1＋素数2＋…＋素数10＝总和。

（5）输入一串字符（按 Enter 键结束），统计其中数字、大写字母、小写字母以及其他字符的个数。

要求：

① 在输入字符串之前给出相应提示。

② 通过键盘输入字符串。

提示：可在循环中使用 getchar 函数连续获取字符。

③ 按照数字、大写字母、小写字母、其他字符的顺序输出结果。

（6）输出菱形图案。

要求：

① 从键盘输入整数 n。

② 根据 n 的数值输出相应图形。例如，输入的是 5，则输出如下图形。

数组与字符串

5.1 实 验 目 的

（1）熟练掌握一维数组、二维数组的定义、初始化和输入输出方法。

（2）熟练掌握字符数组和字符串函数的使用。

（3）掌握与数组有关的常用算法（如查找、排序等）。

5.2 实 验 指 导

本实验指导中将编写两个程序，程序的要求和目标如下：

（1）在一个存放 10 个元素的一维整型数组中，找出数组元素的最大值和最小值并输出。熟悉一维数组的定义、初始化及其使用方法。

（2）输入一个 4×4 的二维数组，输出此二维数组后，再分别输出其主对角线与副对角线的和。熟悉二维数组的定义、初始化及其使用方法。

1. 程序一

编写程序，在一个存放 10 个元素的一维整型数组中，找出数组元素的最大值和最小值并输出。

程序代码如下：

```
#include <stdio.h>
main()
{
    int a[10],i,max,min;
    printf("请输入 10 个整数:\n");
    for (i=0;i<10;i++)
    {
        scanf("%d",&a[i]);
    }
    max=a[0];
```

```
    min=a[0];
    for (i=1;i<10;i++)
    {
        if (a[i]>max)
            max=a[i];
        if (a[i]<min)
            min=a[i];
    }
    for (i=0;i<10;i++)
    {
        printf("a[%d]=%d\n",i,a[i]);
    }
    printf("最大值是 %d, 最小值是 %d\n",max,min);
}
```

分析：

（1）有关查找数据的最大值和最小值的程序在前面已经编写过,在设计思想上没有什么变化。

（2）对于一维数组编程,通常涉及数据输入、数据处理、数据输出 3 个独立部分,每一部分由一个循环来完成。

（3）使用 scanf 函数实现数组元素的输入,在输入前给出必要的提示是用户界面友好的一种表现形式。

（4）输出时,首先输出数组的 10 个元素,然后输出最大值和最小值。

（5）编译运行程序,输入 10 个整数,验证程序的正确性。例如输入

21 37 6 17 9 12 89 76 35 59

运行结果如下：

```
a[0]=21
a[1]=37
a[2]=6
a[3]=17
a[4]=9
a[5]=12
a[6]=89
a[7]=76
a[8]=35
a[9]=59
最大值是 89,最小值是 6
```

2. 程序二

编写程序,输入一个 4×4 的二维数组,输出此二维数组后,再分别输出其主对角线与副对角线的和。

程序代码如下：

```
#include <stdio.h>
main()
{
    int a[4][4],i,j,sum1=0,sum2=0;
    printf("请输入 4 * 4 的二维整数数组:\n");
    for (i=0;i<4;i++)
        for(j=0;j<4;j++)
            scanf("%d",&a[i][j]);
    for (i=0;i<4;i++)
    {
        sum1=sum1+a[i][i];
        sum2=sum2+a[i][3-i];
    }
    for (i=0;i<4;i++)
    {
        for(j=0;j<4;j++)
            printf("%d\t",a[i][j]);
        printf("\n");
    }
    printf("主对角线之和是 %d\n副对角线之和是 %d\n",sum1,sum2);
}
```

分析:

(1) 二维维数组的数据输入、数据处理、数据输出 3 个部分通常都各由一个双重循环来完成,本示例的数据处理部分不涉及该行的每一个数值,只与主对角线或副对角线上的值有关,因此仅使用针对行的单重循环来完成。

(2) 在二维数组的数据输出时,应在每行结束处加一个换行标记。

(3) 编译运行程序。输入数字 1～16,运行结果如下:

```
1     2     3     4
5     6     7     8
9     10    11    12
13    14    15    16
```
主对角线之和是 34
副对角线之和是 34

输入其他值,验证程序的正确性。

5.3 实 验 内 容

(1) 对于一个存放任意 10 个元素的一维数组,将数组元素进行对调(即第一个元素和最后一个元素对调,第二个元素和第九个元素对调……)。要求初始化一个一维数组,输出原始数组内容和对调后的结果。

（2）在一个有序的整型数组中,插入一个整型数据并保持原来的排序顺序不变(提示:原有序数组为 1,2,3,7,8,9,插入数据 5 后的排序为 1,2,3,5,7,8,9)。要求:初始化一个有序数组,从键盘读入一个整型数据,输出该数组以及插入数据后的数组。

（3）首先输入一个大于 2 且小于 10 的整数 n,然后定义一个二维整型数组(n×n),初始化该数组,将数组中最大元素所在的行和最小元素所在的行对调。

要求:

① n×n 数组元素的值由 scanf 函数从键盘输入(假定最大值与最小值不在同一行上),然后输出该数组。

② 查找最大值与最小值所在行。

③ 将数组中最大元素所在的行和最小元素所在的行对调,并输出对调后的数组。

④ 为直观起见,数组按 n 行 n 列的方式输出。

（4）将 3 个学生 4 门课程的成绩分别存放在 4×5 数组的前 3×4 的位置,计算每个学生的总成绩,存放在该数组的最后一列的对应行上;计算单科成绩的平均分,存放在最后一行的对应列上。

要求:

① 数组类型定义为实数类型,成绩由 scanf 函数从键盘输入。

② 输出原始成绩数据(3×4)。

③ 计算每个学生的总成绩以及单科成绩的平均分,并按要求填入数组中,输出结果数组(4×5)。

④ 数据保留一位小数。

（5）输入一个字符串,编写程序,求字符串中的数字之和。

要求:

① 输出字符串中的各个数字之和。

② 如果字符串中没有数字字符,输出提示信息。

（6）在给定的字符串中查找指定的子字符串。

要求:

① 输入两个字符串,给出友好的提示信息。

② 在字符串中查找指定的子字符串,如果存在,输出该子字符串在字符串中首次出现的位置。

③ 如果在给定的字符串中不存在指定的子字符串,则给出相应的说明信息。

实验 **6**

函　　数

6.1　实　验　目　的

(1) 掌握函数的定义方法、调用方法、参数说明以及返回值。

(2) 掌握实参与形参的对应关系，以及参数之间的值传递的方式。

(3) 掌握函数的嵌套调用及递归调用的设计方法。

(4) 在编程过程中加深对函数调用的理解。

6.2　实　验　指　导

本实验指导中将编写两个程序，程序的要求和目标如下：

(1) 编写两个函数，函数 gcd 的功能是求两个整数的最大公约数，函数 mul 的功能是求两个整数的最小公倍数。目标是掌握函数的定义方法、调用方法、参数说明和返回值的返回方式及使用。

(2) 编写函数 int charAt(char c,char s[],int begin)，判断某个字符 c 在字符串 s 中出现的位置，从 begin 个字符开始判断，输出字符 c 首次出现的位置，如果在 begin 开始的字符串中不存在字符 c，输出 -1。编写主程序，输入一个字符和一个字符串，利用上面的函数，输出字符在字符串中出现的次数，并输出字符出现的每一个位置。目的是进一步理解函数的使用，并加深理解函数调用的程序设计思想。

1. 程序一

编写两个函数，函数 gcd 的功能是求两个整数的最大公约数，函数 mul 的功能是求两个整数的最小公倍数。

程序代码如下：

```
#include <stdio.h>
int gcd(int x,int y);
int mul(int x,int y);
void main()
```

```
{
    int a,b;
    scanf("%d%d",&a,&b);
    printf("%d\n",gcd(a,b));
    printf("%d\n",mul(a,b));
}
int gcd(int x,int y)
{
    int t;
    do
    {
        t=x%y;
        x=y;
        y=t;
    }while(t!=0);
    return x;
}
int mul(int x,int y)
{
    return x*y/gcd(x,y);
}
```

分析：

（1）算法。利用迭代相除法求最大公约数，再利用 mul 函数求最小公倍数。

（2）函数应先声明再使用。注意，函数中每一个参数都应独立声明其数据类型，函数可以调用其他函数，用 return 语句返回函数的值。

（3）编译程序，直到程序无错误。

（4）运行程序，输入两个整数并回车。例如：

16␣24

运行结果如下：

最大公约数是 8
最小公倍数是 48

（5）输入其他值，验证程序的正确性。

2. 程序二

编写函数 int charAt(char c,char s[],int begin)，判断某个字符 c 在字符串 s 中出现的位置，从 begin 个字符开始判断，输出字符 c 首次出现的位置，如果在 begin 开始的字符串中不存在字符 c，输出 −1。编写主程序，输入一个字符和一个字符串，利用上面的函数，输出字符在字符串中出现的次数，并输出字符出现的每一个位置。

程序代码如下：

```
#include <stdio.h>
```

```
        int charAt(char c,char s[],int begin);
        void main()
        {
            char c;
            char s[30];
            int position,count=0;
            gets(s);
            c=getchar();
            position=charAt(c,s,1);
            while(position!=-1)
            {
                printf("%d,",position);
                count++;
                position=charAt(c,s,position+1);
            }
            if(count==0)
                printf("字符 %c 不在字符串 %s 中。\n",c,s);
            else
                printf("字符 %c 在字符串 %s 中出现了 %d 次。\n",c,s,count);
        }
        int charAt(char c,char s[],int begin)
        {
            int i;
            i=begin-1;
            while(s[i]!='\0')
            {
                if(s[i]==c)
                    return i+1;
                i++;
            }
            return -1;
        }
```

分析：

（1）charAt 函数。对于给定的字符串 s，从下标 i＝begin－1（begin 是开始查找的位置，从 1 开始，而字符数组下标从 0 开始）开始查找字符 c，如果在字符串结束前(s[i]！＝'\0')找到字符 c，则返回其在字符串中的位置(return i+1;)，否则返回没找到(return －1;)。

（2）main 函数。输入字符串和待查找的字符后，调用 charAt 函数从头开始查找字符(position＝charAt(c,s,1);)。如果找到该字符，则计数后从该字符的下一个位置再次调用 charAt 函数(position＝charAt(c,s,position＋1);)。重复此步骤，当返回值为－1 时查找结束。

（3）编译程序，直到程序无错误。

（4）运行程序，输入

```
hello world
o
```

运行结果如下：

5,8,字符 o 在字符串 hello world 中出现了 2 次。

输入：

```
hello world
a
```

运行结果如下：

字符 a 不在字符串 hello world 中。

(5) 输入其他值，验证程序的正确性。

6.3 实 验 内 容

(1) 编写函数 primeNum(int x)，功能是判别一个数是否为素数。

要求：

① 在主函数中输入一个整数 x(直接赋值或从键盘输入)。

② 函数返回类型为整型(int)，调用 primeNum 函数后，在该函数中判断 x 是否素数，是则返回 1，否则返回 0。

③ 主程序中调用 primeNum 函数，判断并输出 1000 以内的全部素数。

(2) 编写两个函数：getMax 获得两个数中的大值，getMin 获得两个数中的小值，主程序输入 3 个整数，调用这两个函数后输出最大值和最小值。

要求：

① 从键盘输入 3 个整数。

② 用 getMax 函数求最大值，用 getMin 函数求最小值，并在主函数中输出。

(3) 编写函数 int fun(int m,int n)，其功能是根据以下公式求 p 值，结果由函数值返回(m 与 n 为两个正整数且 m>n)。

要求： 在主调函数中读入 m 和 n 的值，调用函数 fun 后，在主调函数中输出计算结果。

$$p=\frac{m!}{n! \times (m-n)!}$$

(4) 编写递归函数 fib(int n)，计算如下公式的值。

$$fib(n)=\begin{cases} 0, & n=0 \\ 1, & n=1 \\ fib(n-2)+fib(n-1), & n>1 \end{cases}$$

要求： 在主调函数中从键盘输入一个整数，调用函数 fib 后输出计算结果。

(5) 编写函数 catStr(char str1[], char str2[])用于连接两个字符串, 编写函数 lenStr (char str[])用于统计一个字符串的长度, 并在主函数中调用。

要求：

① 不允许使用 strcat 和 strlen 字符处理库函数。

② 在主函数中输入两个字符串 str1、str2。调用函数 lenStr 计算并返回两个字符串的长度。

③ 调用函数 catStr 连接两个字符串(将 str2 连接在 str1 后面)。

④ 调用函数 lenStr 计算并返回连接后字符串的长度。

⑤ 在主函数中输出两个原始字符串及其长度以及处理后的字符串及其长度。

(6) 编写函数 void delet(char str[]), 功能是判断字符串 str 中字符的个数是奇数还是偶数。如果个数为奇数, 那么将字符串中 ASCII 码值最大的字符删除; 如果个数为偶数, 那么将字符串中 ASCII 码值最小的字符删除。

要求： 在主函数中输入字符串, 并输出原始字符串以及修改后的字符串。

实验 7

指　针

7.1　实　验　目　的

(1) 掌握指针的概念,学会定义和使用指针变量。

(2) 能正确使用变量的指针和指向变量的指针变量。

(3) 能正确使用数组的指针和指向数组的指针变量。

(4) 能正确使用字符串的指针和指向字符串的指针变量。

7.2　实　验　指　导

本实验指导中将编写两个程序,程序的要求和目标如下:

(1) 编写交换两个整数的 swap 函数。体会值传递和地址传递的不同,理解指针变量的作用,进一步熟悉程序的调试方法。

(2) 利用指针变量重新编写实验 6 中的函数 int charAt(char c,char s[],int begin)。进一步理解指针变量的作用。

1. 程序一

编写交换两个整数的 swap 函数。

不使用指针变量,编写的两个整数交换的函数代码如下:

```
void swap(int a,int b)
{
    int temp;
    temp=a;
    a=b;
    b=temp;
}
```

在程序中,采用的是典型的两个数交换的算法。编写主程序进行测试,全部代码如下:

```
#include <stdio.h>
void swap(int a,int b);
void main()
{
    int a,b;
    scanf("%d%d",&a,&b);
    swap(a,b);
    printf("%d,%d\n",a,b);
}
void swap(int a,int b)
{
    int temp;
    temp=a;
    a=b;
    b=temp;
}
```

输入：3 ＿5

输出：3,5

程序并没有完成两个数的交换,运行结果错误。调试程序(使用 Microsoft Visual C++ 6.0 实验环境见附录 A.3 节的第 1 部分)步骤如下：

在主程序"swap(a,b);"行上加断点,调试程序,输入 3 ＿5 后程序中断,选择 Debug→ Debugging windows→Watches 命令,显示图 7-1 所示的界面。

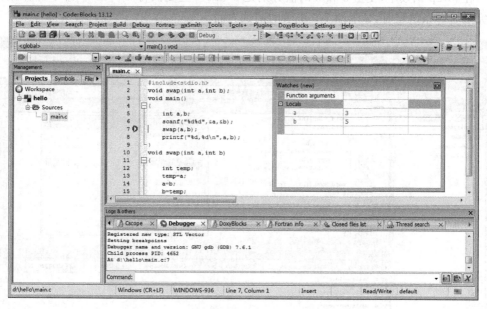

图 7-1　显示 Watches 窗口的调试开始界面

观察 Watches 窗口中的变量 a 和 b 的值可知输入语句正确。如果此时使用 Next line 命令(或单击调试工具栏上的 按钮),程序将直接执行完 swap 函数后暂停在 printf

语句上,因此必须使用 Step into 命令(或单击调试工具栏上的 按钮),程序暂停在图 7-2 所示的界面上。

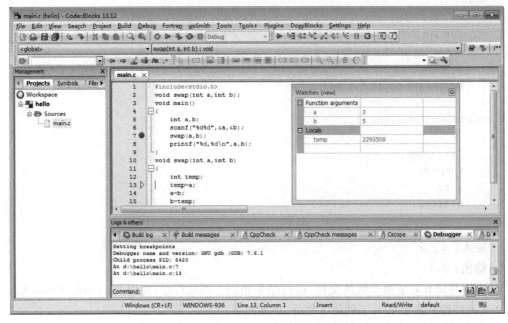

图 7-2　进入 swap 函数的调试界面

在 swap 函数中,变量 a 和 b 的值分别是 3 和 5。重复执行 Step into 命令,当函数执行完最后一条语句时,显示图 7-3 所示的调试界面。

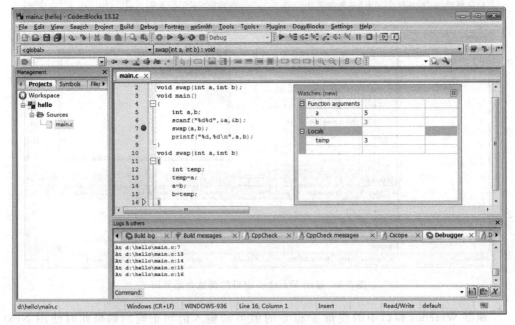

图 7-3　swap 函数调试结束界面

在程序执行的过程中,通过观察 Watches 窗口中变量值的变化,可以发现 a 和 b 的值已经交换了。再一次执行 Step into 命令,程序从 swap 函数中返回 main 函数中的调用语句,如图 7-4 所示。

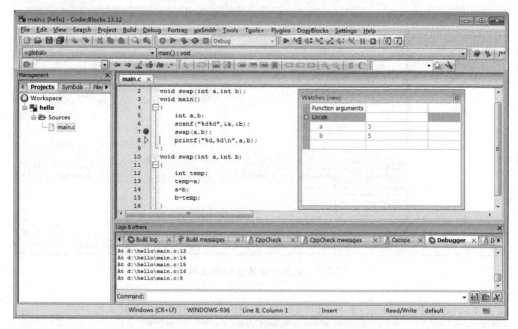

图 7-4　从 swap 函数返回时的调试界面

此时发现 main 函数中变量 a 的值仍然是 3,而变量 b 的值也仍然是 5,没有交换。已发现问题,结束程序调试。

由此可知变量在 swap 函数中确实完成了交换,但 swap 函数中的 a 和 b 与 main 中的 a 和 b 所用的存储空间不同,因此 swap 函数中的交换对 main 函数没有任何影响。

利用 Watches 窗口的表达式输入功能可以更清楚地看出 main 函数中 a 和 b 与 swap 函数中 a 和 b 的不同。再次调试程序,在程序中止界面的 Watches 窗口中输入 &a 和 &b,观察变量 a 和 b 的地址(你的程序变量地址可能与本书示例并不一致),如图 7-5 所示。

此时显示的是 main 函数中变量 a 和 b 的地址。执行 Step into 命令,程序进入 swap 函数,如图 7-6 所示。

仔细对比就会发现函数 swap 中变量 a 和 b 的地址与 main 函数中变量 a 和 b 的地址是不同的。调试结束。

在 Watches 窗口中不仅可以观察变量的值,也可以输入表达式(如 a+b)并观察表达式的值,甚至还可以对程序中的变量重新赋值(如让 a 等于 7),这对于进一步理解程序的运行情况、调试程序都很有帮助。

可以通过参数使用指针变量来解决这一问题,程序代码如下:

```
#include <stdio.h>
void swap(int * a,int * b);
void main()
```

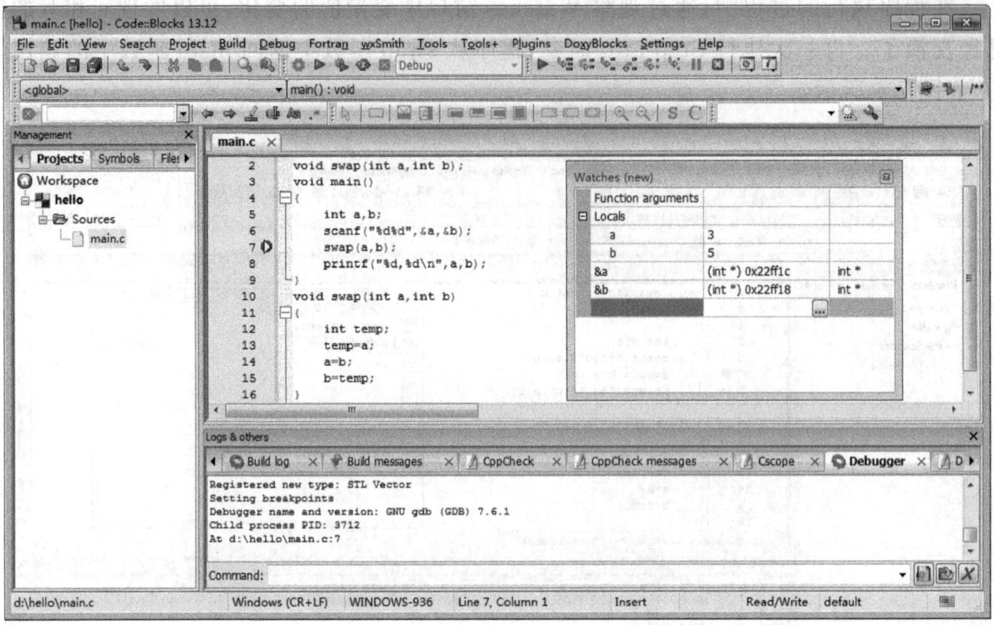

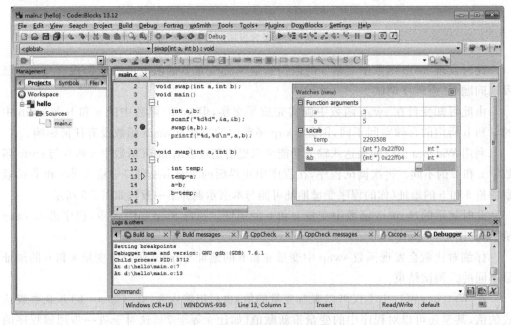

图 7-5　观察变量地址的调试界面

图 7-6　swap 函数中变量地址观察调试界面

```
{
    int a,b;
    scanf("%d%d",&a,&b);
    swap(&a,&b);
```

```
        printf("%d,%d\n",a,b);
    }
    void swap(int * a,int * b)
    {
        int temp;
        temp= * a;
        * a= * b;
        * b=temp;
    }
```

编译运行程序。

输入：3 ⎵5

输出：5,3

程序运行正确。再次调试程序如下：

在主程序"swap(&a,&b);"行上加断点，调试程序，输入 3 ⎵5 后程序中断，如图 7-7 所示。

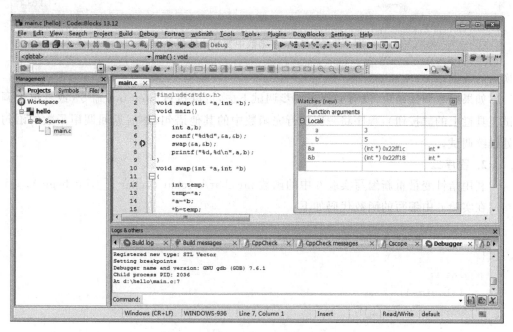

图 7-7　观察主函数中变量地址值界面

在 Watches 窗口中显示了变量 a 和 b 的值，输入它们的地址 &a 和 &b，注意观察它们的地址。执行 Step into 命令，程序进入 swap 函数，如图 7-8 所示。

函数 swap 中的变量 a 和 b 存放的是 main 函数中变量 a 和 b 的地址，数值与 main 函数中的 &a 和 &b 中的值相同，这两个指针变量 a 和 b 中存放的值分别是 3 和 5。

连续执行 Step into 命令，观察程序执行交换过程中各变量的变化情况，此处对调试过程不再赘述。因为此时改变的是地址中的值，而地址就是 main 函数中变量 a 和 b 的存储地址，因此 swap 函数中的数据交换后，主程序再访问该地址中的值，自然得到的是交

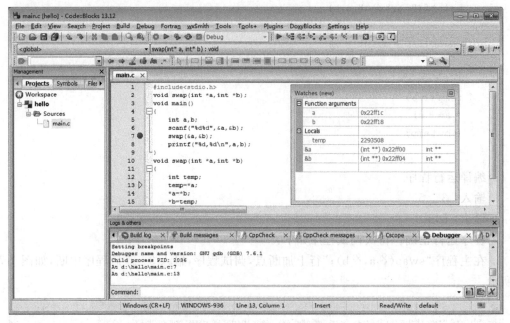

图 7-8　观察 swap 函数中变量地址值界面

换后的数据。

如果函数调试结束,没有必要再按步调试下去,可以执行 Step out 命令(或者单击调试工具栏上的 按钮),程序将一次执行完函数中的其他语句,然后返回调用函数的语句处继续调试。

2. 程序二

利用指针变量重新编写实验 6 中的函数 int charAt(char c,char s[],int begin)。

在实验 6 中编写的函数代码如下:

```
int charAt(char c,char s[],int begin)
{
    int i;
    i=begin-1;
    while(s[i]!='\0')
    {
        if(s[i]==c)
            return i+1;
        i++;
    }
    return -1;
}
```

其中参数 begin 的作用是确定查找开始的位置。使用指针变量做参数,就可以省略 begin 参数而达到同样的操作效果。完整的程序代码如下:

```
#include <stdio.h>
int charAt(char c,char * s)
{
    int i;
    i=0;
    while(s[i]!='\0')
    {
        if(s[i]==c)
            return i+1;
        i++;
    }
    return -1;
}
void main()
{
    char c;
    char s[30];
    int position,count=0,nowP=0;
    gets(s);
    c=getchar();
    position=charAt(c,s);              //也可以写成 position=charAt(c,&s[nowP]);
    while(position!=-1)
    {
        nowP+=position;
        printf("%d,",nowP);
        count++;
        position=charAt(c,&s[nowP]);
    }
    if(count==0)
        printf("字符 %c 不在字符串 %s 中。\n",c,s);
    else
        printf("字符 %c 在字符串 %s 中出现了 %d 次。\n",c,s,count);
}
```

分析：

(1) 在 charAt 函数中，只需要两个参数：字符变量和字符指针变量，函数返回的是从字符指针变量开始的字符串中出现查找字符的第一个位置，如果没找到，返回-1。

(2) 在 main 函数中，由于 charAt 函数返回的是第一个位置，因此需要定义变量 nowP 存储本次字符开始查找的起始地址的下标，也是上次查找到的字符的位置（字符位置等于位置下标加 1）。通过 charAt(c,&s[nowP])语句传递到 charAt 函数中的不是字符串的首地址，而是要开始查找的字符的地址。

(3) 编译程序，直到程序无错误。

(4) 运行程序，输入

```
hello world
o
```

运行结果如下：

5,8,字符 o 在字符串 hello world 中出现了 2 次。

输入：

```
hello world
a
```

运行结果如下：

字符 a 不在字符串 hello world 中。

（5）输入其他值,验证程序的正确性。

（6）调试程序,进一步理解如何通过指针变量进行地址传递。

在程序行 position＝charAt(c,s);上设置断点,调试程序(使用 Microsoft Visual C++ 6.0 实验环境,见附录 A.3 节的第 2 部分)。

在程序行 position＝charAt(c,s);上设置断点,调试程序,输入字符串 hello world,然后再输入字符 o,进入图 7-9 所示的调试界面。

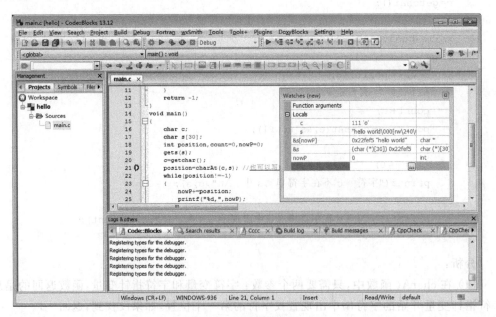

图 7-9　调试开始界面

在此界面中可知字符数组 s 的地址是 0x22fef5(你的程序数组地址可能与图中不一致),存放的字符串为 hello world(后面还存有其他字符,但已不属于字符串了),字符数组名 s 中存放的是该数组的首地址,因此可以作为函数第二个参数(要求是字符型地址变量)进行函数调用。

多次执行单步调试,直到程序中止于循环语句中再次调用函数的程序行上,如图 7-10 所示。

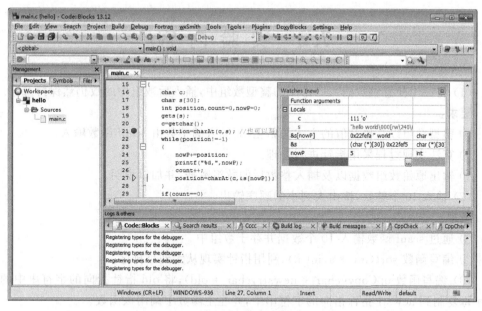

图 7-10　再次调用函数时变量观察界面

在此界面中可知字符数组中 s[5]的地址是 0x22fefa,与字符串的首地址 0x22fef5 正好差 5 个字符(hello)的位置偏移。从这个地址开始的字符串不再是 hello world,而是 " world"(world 前有一个空格)。

继续执行单步调试,直到程序中止于图 7-11 所示第三次调用函数的程序行之上。

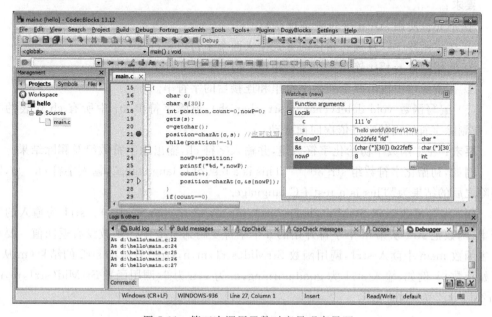

图 7-11　第三次调用函数时变量观察界面

在此界面中可知字符数组中 s[8] 的地址是 0x22fefd,从这个地址开始的字符串是 rld。因此函数 charAt 的返回值是 -1,程序将结束循环,不再调用 charAt 函数。

7.3 实 验 内 容

（1）将一个任意整数插入已排序的整型数组中,插入后数组中的数仍然保持有序。

要求：

① 整型数组以直接赋值的方式初始化,要插入的整数由 scanf 函数输入。

② 算法实现过程采用指针进行处理。

③ 输出原始数组数据以及插入整数后的数组数据,并加以说明。

（2）输入 10 个整数,按由大到小的顺序输出。

要求：

① 通过 scanf 函数输入 10 个数据并存于数组中。

② 编写函数 sort(int * a,int n),利用指针实现从大到小排序。

（3）编写函数 upCopy(char * newstr,char * old),将 old 指针指向的字符串中的大写字母复制到 newstr 指针指向的字符串中,并在主函数中调用该函数。

要求：

① 在主函数中输入一个字符串。

② 在主函数中调用 upCopy 函数,输出 old 指针和 newstr 指针指向的字符串。

（4）编写函数 catStr(char * str1,char * str2)用于连接两个字符串,采用指针实现其过程,并在主函数中调用。

要求：

① 不允许使用 strcat 字符处理库函数。

② 在主函数中以直接初始化的方式输入两个字符串 str1、str2。

③ 调用函数 catStr 连接两个字符串(将 str2 连接在 str1 后面)。

④ 在主函数中输出两个初始字符串和连接后的字符串。

（5）编写函数 void delet(char * str,char ch),删除字符串 str 中所有 ch 代表的字符,被删除字符后面的字符依次向前移动。

要求：在主函数中初始化字符数组,并输入字符 ch,输出原字符数组及删除结果。

例如,初始化字符数组 str[30]＝"This is a test of C language. ",输入字符 ch='o',则删除之后的结果为"This is a test f C language. "。

（6）编写函数 void StrMid(char* str1,int m,int n,char * str2)。str1 为输入的字符串,函数把 str1 从第 m 个字符开始的 n 个字符复制到 str2 中。函数没有返回值。要求在主函数 main 中读入 str1,调用函数 StrMid(str1,m,n,str2)后输出 str2 的结果(m 从 0 开始计数)。例如,输入 str1 为 goodmorning,m 为 1,n 为 3,调用函数 StrMid(str1,m,n,str2)后 str2 为 ood。

实验 **8**

结 构 体

8.1 实 验 目 的

(1) 掌握结构体类型变量的定义和使用。
(2) 掌握结构体类型数组的概念和使用。
(3) 掌握链表的概念,初步学会对链表进行操作。
(4) 掌握共用体的概念与使用。

8.2 实 验 指 导

本实验指导中将编写两个程序,程序的要求和目标如下:
(1) 编写程序,利用结构体数组存放学生的学习成绩。掌握结构体类型变量的定义和使用,理解结构体指针变量的用法。
(2) 编写简单的共用体变量程序。加深理解共用体变量的作用和使用方法。

1. 程序一

输入 5 个学生的数据记录,包括学号、姓名和数学、英语、计算机 3 门课的成绩,计算并输出总分最高的学生的信息(包括学号、姓名、3 门课的成绩总分)。

程序代码如下:

```
#include <stdio.h>
void main()
{
    struct student
    {
        char snum[8];
        char name[10];
        int math;
        int english;
        int computer;
```

```
    };
    struct student stu[5];
    int i, m;
    int max=0;
    for (i=0; i<5; i++)
    {
        scanf("%s%s%d%d%d", &stu[i].snum, &stu[i].name, &stu[i].math,
            &stu[i].english, &stu[i].computer);
    }
    for (i=0; i<5; i++)
    {
        if ((stu[i].math+stu[i].english+stu[i].computer)>max )
        {
            max=stu[i].math+stu[i].english+stu[i].computer;
            m=i;
        }
    }
    printf ("The student info: %s %s %d %d %d %d\n", stu[m].snum,
        stu[m].name, stu[m].math, stu[m].english, stu[m].computer, max);
}
```

分析：

（1）算法。先定义一个 student 结构体类型，再定义结构体数组，从键盘中输入学生信息到结构体数组中，然后通过循环确定总分最高的学生在结构体数组中的位置，最后输出学生信息。

（2）编译程序，直到程序无错误。

（3）运行程序，输入学生信息。例如：

```
20161101 Alex 87 67 73
20161102 John 92 78 71
20161103 Marry 66 87 93
20161104 Tom 81 58 79
20161105 Jane 83 76 79
```

运行结果如下：

```
The student info: 20161103 Marry 66 87 93 246
```

（4）输入其他值，验证程序的正确性。

使用结构体指针访问结构体变量的值在编程时更为常用。下面使用结构体指针存储总分最高的学生的结构体地址，修改后的程序源代码如下：

```
#include <stdio.h>
void main()
{
    struct student
```

```
    {
        char snum[8];
        char name[10];
        int math;
        int english;
        int computer;
    } stu[5];
    struct student * pstu;
    int i;
    int max=0;
    for (i=0; i<5; i++)
    {
        scanf ("%s%s%d%d%d", &stu[i].snum, &stu[i].name, &stu[i].math,
            &stu[i].english, &stu[i].computer);
    }
    for (i=0; i<5; i++)
    {
        if ((stu[i].math+stu[i].english+stu[i].computer)>max )
        {
            max=stu[i].math+stu[i].english+stu[i].computer;
            pstu=&stu[i];
        }
    }
    printf ("The student info: %s %s %d %d %d %d\n", pstu->snum,
        pstu->name, pstu->math, pstu->english, pstu->computer, max);
}
```

2. 程序二

从键盘读入不同类型的数据（int、long、float、char 和 double），存储到一个共用体变量中，并输出该值。

程序代码如下：

```
#include <stdio.h>
void main()
{
    int type;
    union variant
    {
        int i;
        long l;
        float f;
        char c;
        double d;
    };
```

```
    union variant var;
    printf("Input the data type (1- int 2- long 3- float 4- char 5- double):");
    scanf("%d",&type);
    printf("Input the value:");
    switch (type)
    {
    case 1:
        scanf("%d",&(var.i));
        printf("the data type is int, and the value is %d\n", var.i);
        break;
    case 2:
        scanf("%ld",&(var.l));
        printf("the data type is long, and the value is %ld\n", var.l);
        break;
    case 3:
        scanf("%f",&(var.f));
        printf("the data type is float, and the value is %f\n", var.f);
        break;
    case 4:
        getchar();  //"吃掉"scanf("%d",&type);那一行的回车符
        scanf("%c",&(var.c));
        printf("the data type is char, and the value is %c\n", var.c);
        break;
    case 5:
        scanf("%lf",&(var.d));
        printf("the data type is double, and the value is %lf\n", var.d);
        break;
    default:
        printf("Wrong data type!\n");
    }
    printf("%d,%ld,%f,%c,%lf\n",var.i,var.l,var.f,var.c,var.d);
}
```

分析：

（1）算法。共用体可以看作一个自定义数据类型，它与结构体类型类似,也由成员变量组成,但与结构体类型不同的是,它的所有成员变量占用同一段内存空间,因此共用体变量在同一时间点只能存储某一个成员变量的值。在输入和输出时,需要采用一个整型变量标记所操作数据的类型,针对不同类型,确定格式转换说明符,保证数据操作的正确性。

（2）编译程序,直到程序无错误。

（3）运行程序,输入数据。例如输入

1
65

运行结果如下：

```
the data type is int, and the value is 65
65,65,0.000000,A,0.000000
```

又如输入

```
3
65
```

运行结果如下：

```
the data type is float, and the value is 65.000000
1115815936,1115815936,65.000000,
```

（4）输入其他值，验证程序的正确性。

8.3　实　验　内　容

（1）输入某天的日期，计算该天在给定年份中是第几天。

要求：

① 定义包含年、月、日信息的结构体类型。

② 利用 scanf 函数输入年、月、日的值。

③ 输出日期以及该日期是给定年份中的第几天。

④ 需要对闰年做判定。

（2）在一个结构体数组中存有 3 个人的姓名和年龄，输出 3 人中年龄居中者的姓名和年龄。

要求：

① 3 个人的数据采用直接初始化方式赋值。

② 利用结构体指针实现处理过程。

（3）输入 5 名学生的学号、姓名和 3 门课程（programming、database、network）的成绩，存入一个结构体数组中。编写 sumScore 函数，其功能是计算学生 3 门课的总成绩，并存入结构体数组中。在主函数中输入学生信息，调用 sumScore 函数，并输出学生的学号、姓名和总成绩信息。

要求：

① 定义结构体类型，包括 int snum、char name[]、int score[]、float sum 变量，分别表示学生的学号、姓名、成绩数组和总成绩。

② 在主函数中输入学生的学号、姓名和 3 门课成绩。

③ 调用 sumScore 函数，计算学生的平均成绩，存入结构体数组的 sum 变量中。

④ 在主函数中输出每个学生学号、姓名和总成绩信息。

（4）在第（3）题的基础上，添加 sort 函数，参数为结构体数组指针和数组中有效元素个数,该函数对该结构体数组按总成绩由高到低排序。

要求：

① 按总成绩由高到低排序，如总成绩相同，再按学号由小到大排序。

② 在主函数中调用函数后，输出排序后的结构体数组所有信息。

（5）建立一个学生数据链表，每个节点信息包括学号、姓名、性别、班级和专业。

要求：

① 利用结构体类型组织链表。

② 调用 add 函数建立一个新节点，并将其存放于链表中。

③ 由于节点数目不确定，建立新节点时应使用内存申请函数。

④ 调用 show 函数输出链表中的所有节点。

（6）对上述链表作如下处理：

① 输入一个学号，如果链表中的节点包含该学号，则将此节点删去。

② 输入一个专业，删除链表中包含该专业的所有节点。

要求：

① 学号和专业信息由 scanf 函数从键盘输入。

② 删除链表节点后注意释放其所占用内存。

③ 输入一个专业，删除链表中包含该专业的所有节点的函数返回删除节点的个数。

预编译和宏定义

9.1 实 验 目 的

(1) 掌握宏的定义格式和使用方法,区别无参数宏与带参数宏。

(2) 掌握预编译的具体形式以及使用方法。

9.2 实 验 指 导

本实验指导中将编写两个程序,实验的要求和目标如下:

(1) 编写程序,定义一个计算圆面积的带参数的宏。在程序中计算半径从 1 到 10 的圆面积,并输出结果。熟悉宏定义 #define 命令的书写格式,宏定义的使用语法。

(2) 编写预编译程序,实现源程序文件的组织。熟悉 #include 命令的语法形式,通过实验练习 #include 命令的使用格式。

1. 程序一

定义一个计算圆面积的带参数的宏。在程序中计算半径从 1 到 10 的圆面积,并输出结果。

要求:

(1) PI 值通过无参数宏方式赋值,精确到小数点后 6 位。

(2) 分行输出半径的值和圆的面积。

程序代码如下:

```
#include <stdio.h>
#define PI 3.1415926
#define S(r) PI*r*r
void main()
{
    int i;
    double area;
    for (i=1;i<=10;i++)
```

```
        {
            area=S(i);
            printf("%2d %10.6f\n", i, area);
        }
    }
```

分析：

（1）算法。圆面积按照公式 S＝PI＊r＊r 计算。

（2）无参数宏定义的格式为 ♯define PI 3.1415926，♯define 表示宏定义的语法，通过宏定义命令，PI 的值就是 3.1415926。

（3）有参数宏定义的格式为 ♯define S(r) PI＊r＊r，♯define 表示宏定义的语法，其中 r 是 S(r)的参数，宏定义的表达式是 PI＊r＊r，因此，S(r)表示的是 PI＊r＊r。

（4）程序的循环体 for 执行半径 1 到 10 的求解面积的步骤。for 语句的循环作用域用大括号表示，格式为

```
for(循环条件)
{
    执行语句;
}
```

上面的程序中执行语句 area＝S(r)和 printf("%2d %10.6f\n", i, area)语句包含在循环体作用域中。

（5）area＝S(r)语句利用了有参数宏定义的方法，相当于 area＝PI＊r＊r。

（6）编译程序，直到没有错误。程序中已经对 i 值从 1 到 10 进行赋值，直接观察程序运行结果。观察程序分行格式和每行的数据输出格式。

2. 程序二

编写预编译程序，使用 ♯include 命令实现多个源程序文件的组织。

分别编写 3 个程序文件，分别命名为 1.c、2.c 和 3.c。

文件名为 1.c 的程序代码如下：

```
#include <stdio.h>
#include "2.c"
#include "3.c"
void main()
{
    int x,y,smax,smin;
    scanf("%d%d",&x,&y);
    smax=max(x,y);
    smin=min(x,y);
    printf("max=%d,min=%d\n", smax, smin);
}
```

文件名为 2.c 的程序代码如下：

```
int max(int a, int b)
```

```
    {
        return (a>b?a:b);
    }
```

文件名为 3.c 的程序代码如下：

```
int min(int a, int b)
{
        return(a<b?a:b);
}
```

分析：

（1）算法。程序的主体是针对两个数比较大小，并且把较大值和较小值输出到屏幕上。在 C 语言的编辑环境下分别生成 3 个 c 文件，文件名分别是 1.c、2.c 和 3.c。

（2）文件 1.c 中通过预编译命令♯include "2.c" 和♯include "3.c" 把文件 2.c 和 3.c 文件组织起来。其中" "的作用是查找当前文件夹下的文件，< >的作用是查找软件安装文件夹 include 下的文件。

（3）文件 1.c 中 smax＝max(x,y) 表示定义具有返回值的函数 max(x,y)，比较输入的 x 和 y 值的大小，把大值赋给 smax 变量。smin＝min(x,y) 表示定义具有返回值的函数 minx(x,y)，比较输入的 x 和 y 值的大小，把小值赋给 smin 变量。最后应用 printf 函数输出结果到屏幕。

（4）文件 2.c 的程序主要定义输出较大值的比较函数 max(int a, int b)，其中 a、b 分别表示函数的形式参数。在函数体中，使用 return 语句返回较大值给调用函数。

（5）文件 3.c 的程序主要定义输出较小值的比较函数 min(int a, int b)，其中 a、b 分别表示函数的形式参数。在函数体中，使用 return 语句返回较小值给调用函数。

（6）编译程序，直到没有错误。输入下面的数值，观察程序运行结果：

```
1 ⌣ 3
5 ⌣ 2
2017 ⌣ 2016
100 ⌣ -2
-100 ⌣ 6
```

尝试其他的数据，验证程序的正确性。

9.3 实 验 内 容

（1）编写程序，定义一个比较两个数大小的带参数的宏。在程序中输入两个数，并输出大值和小值。

要求：

① 用♯define 命令定义带参数的宏，实现程序要求。

② 采用 scanf 函数输入两个数。

（2）编写程序，定义一个实现加法和减法运算的带参数的宏。在程序中输入两个数，并输出此两数的和值、差值。

要求：

① 用♯define命令定义带参数的宏，实现程序要求。

② 采用 scanf 函数输入两个数。

（3）编写程序，定义一个带参数的宏。在程序中输入一个数，通过条件判断其是否为整数，输出判断结果。

要求：

① 用♯define命令定义带参数的宏，实现判断输入数是整数的要求。

② 采用 scanf 函数输入数。

③ 循环语句使用 do…while 实现。

（4）编写程序，定义一个带参数的宏。在程序中输入一个数，通过条件判断奇偶性，输出判断结果。

要求：

① 用♯define命令定义带参数的宏，实现程序要求。

② 采用 scanf 函数输入数。

（5）编写程序，输入全班 20 个学生的 C 语言课程成绩，找出最高分的同学及成绩，并计算全班 C 语言课程的平均分。

要求：

① 用♯define命令定义无参数的宏 COUNT，实现整数常量 20 的替代。

② 实现数组的初始化。

（6）编写两个程序文件，分别命名为 1.c、2.c，实现输入任意 3 个数，按由小到大的顺序输出这 3 个数。

要求：

① 用预编译方法实现程序要求。

② 1.c 文件中使用♯include命令把 2.c 文件组织起来。

③ 在 2.c 文件中编写函数，实现 3 个数由小到大排序的过程。

实验 10

文 件

10.1 实 验 目 的

(1) 掌握文件以及缓冲文件系统、文件指针的概念。

(2) 掌握使用文件打开、关闭、读、写等函数。

(3) 掌握缓冲文件系统格式,能对文件进行简单的操作。

10.2 实 验 指 导

本实验指导中将编写两个程序,实验的要求和目标如下:

(1) 编写程序,将一个文件的内容复制到另一个文件中。熟悉文件打开和关闭操作的 C 语言库函数,熟悉源文件和目标文件的概念,熟悉文件复制的库函数操作。

(2) 编写程序,以二进制方式读写文件。熟悉 fopen 函数中读写二进制文件的参数应用,熟悉文件读函数 fread、文件写函数 fwrite 的操作。

1. 程序一

编写程序,将一个文本文件的内容复制到另一个文本文件中。

要求:

(1) 通过文件类型指针完成文件的复制。

(2) 考虑读写文件的错误处理。

程序代码如下:

```
# include <stdio.h>
void main()
{
    FILE * in, * out;
    char infile[10],outfile[10];
    printf("Enter the infile name:");
    scanf("%s",infile);
    printf("Enter the outfile name:");
```

```
    scanf("%s",outfile);
    if((in=fopen(infile,"r"))==NULL)
    {
        printf("cannot open infile\n");
        exit(0);
    }
    if((out=fopen(outfile,"w"))==NULL)
    {
        printf("cannot open outfile\n");
        exit(0);
    }
    while(!feof(in))
        fputc(fgetc(in),out);
    fclose(in);
    fclose(out);
}
```

分析：

（1）算法。定义两个文件类型指针，分别指向源文件和目的文件，使用 fgetc 函数循环从源文件复制字符至目的文件，直至到达源文件末尾。

（2）main 函数中，文件类型变量声明 FILE ＊in，表示定义文件结构体指针变量。char infile[10]表示声明字符数组变量 infile，定义长度为 10 个元素的静态数组。

（3）scanf("％s",infile)表示从键盘输入源文件名，存储在字符数组变量 infile 中。scanf("％s",outfile)表示从键盘输入目的文件名，存储在字符数组变量 outfile 中。

（4）fopen(infile,"r")函数的作用是以只读方式打开文件，文件名为通过键盘输入的源文件名。参数 r 表示只读。if 语句的作用是对要打开的文件是否存在进行条件判断，如果返回值为 NULL，输出不能打开文件的提示信息。fopen(outfile,"w")函数的作用是以可写方式打开文件，其中参数 w 表示可写。

（5）循环 while 语句用于判断文件指针是否指向文件尾，如果指针没有指向文件尾，执行 fputc 函数。函数 fputc 的作用是将文件指针 in 的内容写入 out 表示的目的文件中。

（6）函数 fclose 表示关闭数据流，释放文件指针。

（7）编译程序，直到没有错误。首先在当前文件夹下生成两个文本文件 sorc.txt 和 dest.txt，在 sorc.txt 文件中输入相关文字。程序运行界面输入源文本文件名 sorc.txt，再输入目的文本文件名 dest.txt。直接观察程序运行结果。

```
Enter the infile name: sorc.txt
Enter the outfile name: dest.txt
```

（8）打开当前文件夹下的 dest.txt 并观察其内容，可以看到与 sorc.txt 文本文件中的内容完全相同。

2. 程序二

编写程序，以二进制方式读写文件，将一个文件的内容复制到另一个文件中。

要求：

(1) 熟悉 fopen 函数读写二进制模式的参数使用方法。

(2) 学习 fread 函数和 fwrite 函数的使用方法。

程序代码如下：

```c
#include <stdio.h>
#include <stdlib.h>
#define MAXLEN 1024
int main(int argc, char * argv[])
{
    FILE * outfile, * infile;
    unsigned char buf[MAXLEN];
    int rc;
    if(argc<3)
    {
        printf("usage: %s %s\n", argv[0], "infile outfile");
        exit(1);
    }
    outfile=fopen(argv[2], "wb");
    infile=fopen(argv[1], "rb");
    if(outfile==NULL || infile==NULL )
    {
        printf("%s, %s",argv[1],"not exit\n");
        exit(1);
    }
    while( (rc=fread(buf,sizeof(unsigned char), MAXLEN,infile))!=0 )
    {
        fwrite( buf, sizeof( unsigned char ), rc, outfile );
    }
    fclose(infile);
    fclose(outfile);
    system("PAUSE");
    return 0;
}
```

分析：

(1) 算法。定义两个文件类型指针，分别指向输入文件和输出文件。fopen 函数构建二进制文件类型，其中输入文件为二进制读文件，输出文件为二进制写文件。通过循环过程，使用 fread 和 fwrite 两个函数将数据写入二进制文件中。

(2) main 函数主体 int main(int argc, char * argv[]) 表示程序生成可执行文件（即 exe 文件），在操作系统命令提示符环境中操作文件的读写。argc 表示命令行总的参数个数，char * argv[] 表示数组里每个元素代表一个参数，这里具体指二进制输入文件名和二进制输出文件名。

（3）文件类型变量声明 FILE ＊infile，＊outfile 表示输入和输出文件的结构体指针变量。unsigned char buf[MAXLEN]表示预存放读取的数据空间，其中空间的大小通过宏定义♯define MAXLEN 1024 实现。

（4）fopen(argv[2]，"wb")函数的作用是打开只写二进制文件，agrv[2]数组元素的内容是操作系统命令行的输出文件名，参数 wb 表示只写二进制文件。fopen(argv[1]，"rb")函数的作用是打开只读二进制文件，agrv[1]数组的元素内容是操作系统命令行的输入文件名，参数 rb 表示只读二进制文件。if 语句的作用是对要打开的输入和输出文件是否存在进行条件判断，如果返回值为 NULL，提示文件不存在。

（5）while 语句用于判断读出文件内容是否为 0，判断条件是由 fread 函数读取二进制文件内容返回的结果，若满足条件则执行循环体。fread 函数包含 4 个参数：buf、sizeof(unsigned char)、MAXLEN、infile，其中，参数 buf 表示存放读取数据的数组空间，参数 sizeof(unsigned char)表示读取每个数据项的字节数，参数 MAXLEN 表示要读取的数据项数，参数 infile 表示输入数据流的文件指针。fwite 函数包含 4 个参数：buf、sizeof(unsigned char)、rc、outfile，其中，参数 buf 表示获取数据的地址，参数 rc 表示要写入数据项的个数，参数 outfile 表示输出数据流的文件指针，参数 sizeof(unsigned char)同上。

（6）函数 fclose 表示关闭数据流，释放输入文件指针和输出文件指针。

（7）编译程序，直到没有错误。首先在执行程序的当前文件夹(..\debug)下生成 1.txt 文本文件，在操作系统中打开 1.txt 文件，输入相关文字内容。在 Windows 操作系统的"开始"→"运行"输入框中输入 cmd 命令，切换到操作系统命令提示符界面。在此界面中进入可执行程序的路径，输入命令直接观察程序运行结果。

执行文件名.exe␣1.txt␣2.txt
请按任意键继续...

（8）打开当前文件夹，其中生成了目的文件 2.txt，其内容与文本文件 1.txt 完全相同。

10.3　实验内容

（1）编写程序，从键盘输入 10 个元素，存放在一维整型数组中，找出数组元素的最大值和最小值并输出。将初始的数组数据和求得的最大值、最小值数据存放在 data.txt 文件中。

要求：
① 使用 scanf 输入 10 个数据，并在屏幕上输出初始数组和求得的最大值、最小值。
② 使用 fprintf 函数输出数据文件。

（2）编写程序，有 n 名学生，每名学生有 5 门课的成绩，从键盘输入数据(包括学生号、姓名、5 门课成绩)，将输入的数据存放在 student.txt 文件中。

要求：
① 每名学生的学号、姓名和 5 门课成绩输出格式如下：

学号：20171001
姓名：Wang
课程成绩：
高数：83
C语言：92
英语：67
实习：89
创新：90

② 在屏幕上输出 3 名学生的数据信息。

③ 使用 fprintf 函数将各学生的数据输出到 student.txt 文件。

（3）编写程序，将一个文本文件的内容附加到另一个文本文件数据的结尾（该文件的原有数据应保留）。

要求：

① 使用 scanf 函数，源文件命名为 source.txt，目的文件命名为 dest.txt。

② 从屏幕输出源文件内容、目的文件内容和合并后的文件内容。

（4）编写程序，以二进制方式读写文件，将一个文件的内容追加到另一个文件中。

要求：

① 使用 scanf 函数，源文件命名为 source.txt，目的文件命名为 dest.txt。

② 使用 fread 函数和 fwrite 函数完成文件读写。

（5）编写程序，读取 5 名学生的数据文件，其学号、姓名和 3 门课成绩如下：

20171001 Wang 83 92 67

20171003 Li 67 80 90

20171006 Fun 75 91 99

20171010 Ling 100 50 62

20171013 Yuan 55 68 71

原有数据存放在 stud.txt 文件中。

要求：

① 定义结构体变量，使用 fscanf 函数读取文本数据，存储到对应的结构体变量中。

② 在屏幕上输出标题"学号 姓名 数学 C 语言 英语"，按行输出 stud.txt 文件的内容。

（6）编写程序，有 5 名学生，每名学生有 3 门课的成绩，从键盘输入数据（包括学号、姓名、数学成绩、C 语言成绩、英语成绩），计算平均成绩，将原有数据和平均分存放在 stuinfo.txt 文件中。

要求：

① 编写函数计算学生平均成绩。

② 在 stuinfo.txt 文件中保存每名学生的学号、姓名、3 门课成绩和平均成绩。

实验 **11**

程序设计思想及范例

11.1 实验目的

(1) 掌握工程问题的求解方法及程序分析方法。

(2) 掌握程序的算法流程设计。

(3) 学习基本的程序设计策略。

(4) 学习算法的编程实现。

11.2 实验指导

本实验指导中将编写两个程序,实验的要求和目标如下:

(1) 编写程序,对于核泄漏后环境污染问题,输出每隔 8 天的放射性活度,直到放射性活度达到最低标准。分析问题求解的算法,画出流程图,熟悉按标准命名规则定义变量的方法。

(2) 编写程序,实现归并排序算法。针对问题开展数学原理和程序算法分析。使用 #define 定义宏。学习子函数定义模块化的设计思想。熟悉规范化的函数和变量定义。掌握文件头和函数定义的规范注释。

1. 程序一

某国核泄漏后,我国某城市检测到空气中含有放射性碘-131,放射性活度为 $7.93 \times 10^{-4} Bq/m^3$。碘-131 的半衰期为 8 天,即放射性活度每 8 天衰减一半。假设不会再有新的碘-131 通过大气扩散进来,编制程序输出每隔 8 天的放射性活度,直到放射性活度达到低于 $1.0 \times 10^{-6} Bq/m^3$ 为止。

要求:

(1) 分析问题求解的算法,画出流程图。

(2) 按标准命名规则定义变量。

(3) 编程计算达到最低放射性活度的天数,输出每隔 8 天的放射性活度。

算法的流程图如图 11-1 所示。

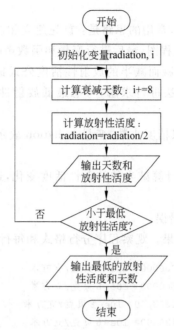

图 11-1　环境污染问题分析算法流程图

程序代码如下：

```
/*
 * 函数名：main 主函数
 * 功　能：核泄漏过程放射性活度和天数的计算
 * 输　入：radiation 初始放射性活度值
 * 输　出：放射性活度和天数
 * 返回值：无
 */
#include <stdio.h>
main()
{
    double radiation=793.0;
    int i=0;
    printf("第%d天的放射性活度为%lf * 10e-6贝克/立方米\n", i, radiation);
    do
    {
        i+=8;
        radiation=radiation / 2;
        printf("第% d 天 的 放 射 性 活 度 为% lf * 10e - 6 贝 克/立 方 米 \n", i,
        radiation);
    }while(radiation >1.0);
    printf("达到的最低放射性活度为%lf * 10e-6贝克/立方米\n", radiation);
    printf("达到最低放射性活度的天数为%d天\n", i);
}
```

分析：

（1）对于工程问题的分析，常用的思路是：首先建立相应的数学模型或公式，其次根据问题特点分析算法并画出流程图，最后进行变量和函数声明，编制程序。

（2）算法。由碘-131的衰减而减半的放射性活度公式描述是问题关键，即放射性活度8天衰减一半，使用迭代算法进行求解，考虑最低放射性活度的条件，程序适合采用do…while循环结构。

（3）声明中的double为双精度小数，变量radiation表示放射性活度，初始化放射性活度值。

（4）循环结构do…while计算减半的放射性活度变化，递增步长8，终止条件描述为不满足radiation>1。

（5）编译程序，直到没有错误。

（6）直接观察程序运行结果。观察程序分行格式和每行的数据输出格式。

第0天的放射性活度为793.000000 * 10e-6贝克/立方米
第8天的放射性活度为396.500000 * 10e-6贝克/立方米
第16天的放射性活度为198.250000 * 10e-6贝克/立方米
第24天的放射性活度为99.125000 * 10e-6贝克/立方米
第32天的放射性活度为49.562500 * 10e-6贝克/立方米
米第40天的放射性活度为24.781250 * 10e-6贝克/立方米
第48天的放射性活度为12.390625 * 10e-6贝克/立方米
第56天的放射性活度为6.195313 * 10e-6贝克/立方米
第64天的放射性活度为3.097656 * 10e-6贝克/立方米
第72天的放射性活度为1.548828 * 10e-6贝克/立方米
第80天的放射性活度为0.774414 * 10e-6贝克/立方米
达到的最低放射性活度为0.774414 * 10e-6贝克/立方米
达到最低放射性活度的天数为80天

2. 程序二

归并排序算法具有高效、快速的优点，广泛应用于移动端设备的软件应用界面（例如百度地图路径优化、购物网站商品排序等）的后台管理程序模块，分析归并排序算法的代码实现过程。

要求：

（1）针对问题开展程序算法分析。

（2）子函数定义具有模块化的设计思想。

（3）函数和变量定义要规范化。

（4）文件头和函数定义要有规范注释。

程序代码如下：

```
/* 归并排序算法 */
#include <stdio.h>
#include <stdlib.h>
/*
```

```
 * 函数名：Merge
 * 功  能：数组元素排序归并计算过程
 * 输  入：sourceArr  初始数组
           tempArr    临时数组
           startIndex 数组起始索引
           endIndex   数组终止索引
 * 输  出：           排序后的数组
 * 返回值：无
 */
void Merge (int sourceArr [ ], int tempArr [ ], int startIndex, int midIndex, int
endIndex)
{
    //i 是排序数组起始索引
    //j 是排序数组分割界起始索引
    int i=startIndex,j=midIndex+1,k=startIndex;
    //选出小数值元素放到临时数组
    while(i!=midIndex+1 && j!=endIndex+1)          //比较的边界控制条件
    {
        if(sourceArr[i] > sourceArr[j])
            tempArr[k++]=sourceArr[j++];           //k 是 tempArr 数组的索引
        else
            tempArr[k++]=sourceArr[i++];
    }
    while(i !=midIndex+1)
        tempArr[k++]=sourceArr[i++];
    while(j !=endIndex+1)
        tempArr[k++]=sourceArr[j++];
    //排序后的临时数组复制回原始数组
    for(i=startIndex; i<=endIndex; i++)
        sourceArr[i]=tempArr[i];
}
/*
 * 函数名：MergeSort
 * 功  能：数组分割和归并计算调用
 * 输  入：sourceArr   初始数组
           tempArr     临时数组
           startIndex  数组起始索引
           endIndex    数组终止索引
 * 输  出：分割和排序归并序列
 * 返回值：无
 */
//内部使用递归调用
void MergeSort(int sourceArr[],int tempArr[],int startIndex,int endIndex)
{
```

```
    int midIndex;
    if(startIndex <endIndex)
    {
        midIndex= (startIndex +endIndex) / 2;
        //递归调用
        //分割数组的前 1/2 段、1/4 段……直到单个元素
        MergeSort(sourceArr,tempArr,startIndex,midIndex);
        //分割数组的后 1/2 段、1/4 段……直到单个元素
        MergeSort(sourceArr,tempArr,midIndex+1,endIndex);
        //合并运算,通过有序数组元素数值比较,存放到临时数组
        Merge(sourceArr,tempArr,startIndex,midIndex,endIndex);
    }
}
int main(int argc,char * argv[])
{
    int dataArr[8]={50,10,20,30,70,40,80,60};
    int i,temp[8];
    printf("原始数组为: \t");
    for(i=0; i<8; i++)
        printf("% d ",dataArr[i]);
    //调用归并排序函数
    MergeSort(dataArr,temp,0,7);
    //输出
    printf("\n 排序后的数组为: ");
    for(i=0; i<8; i++)
        printf("% d ",dataArr[i]);
    printf("\n");
    return 0;
}
```

分析:

(1) 算法。归并排序是利用递归和分而治之的技术,将数据序列划分成为越来越小的半序列,直到不能划分为止,再对半序列排序,最后利用递归将排好序的半序列合并成为越来越大的有序序列,归并排序包括两个步骤:

① 划分子序列。就是将 n 个元素的序列划分为两个序列,再将两个序列划分为 4 个序列,依次划分下去,直到每个序列只有一个元素为止。

② 合并序列。将两个有序序列归并成一个有序的序列过程:每次从两个序列开头元素选取较小的一个,直到某一个序列到达末尾,再将另一个序列剩下部分顺序取出。如果将每个元素最后添加一个最大值,则无须判断是否达到序列末尾。

(2) 算法使用的头文件用 ♯include 包含,可以采用<>和" "两种形式之一。

(3) 主函数 main 语句之前的部分采用注释的形式对程序相关信息(函数名、功能、输入、输出、返回值)进行说明,对主程序中和子程序模块的关键算法进行功能注释。

(4) 定义子函数 Merge,计算排序归并过程;定义子函数 MergeSort,进行数组元素序

列的分割和归并递归调用,其中递归调用 MergeSort 函数,调用 Merge 函数。

(5) 主函数采用 int main(int argc, char * argv[]),是规范的定义方式,返回值为 0;主函数调用子函数 MergeSort 完成归并排序算法的实现过程。

(6) 编译程序,直到没有错误。运行程序,初始数组的定义在程序主函数中声明,数组为 int dataArr[8]＝{50, 10, 20, 30, 70, 40, 80, 60}。

运行结果如下:

原始数组为:　　50 10 20 30 70 40 80 60
排序后的数组为: 10 20 30 40 50 60 70 80
Press any key to continue

(7) 修改程序中的值,验证程序结果以及程序的正确性。

11.3　实验内容

(1) 手机基站的信号覆盖范围通常是一个圆形,一般基站的覆盖半径不大于 35km。以某基站为原点,建立一个坐标系,给定坐标系中任意一点的坐标值(x,y),判断该点是否在该基站的信号覆盖范围内。

要求:
① 分析工程问题,建立数学模型,画出问题求解的流程图。
② 变量定义符合标准的命名法。
③ 声明的变量为双精度类型,使用 if…else 判断语句。
④ 分别使用 scanf 和 printf 语句进行输入和输出。
⑤ 使用规范的注释方式。

(2) 探空气球用来收集大气中不同高度的温度和压力数据。当气球上升时,周围空气的密度会变小,因此气球上升速度会减缓,直至到达一个平衡点。在白天,太阳会使气球内充的氢气或者氦气受热膨胀而使气球上升至更高的高度,而夜间平衡点高度会下降。平衡点高度与时间(48h 内)的关系满足一个多项式方程 $H(t)=-0.12t^4+12t^3-380t^2+4100t+220$,高度单位为米(m),同时,探空气球的速度在 48h 内也满足另一多项式方程 $V(t)=-0.48t^3+36t^2-760t+4100$,速度单位为米/秒(m/s)。编写程序,计算 48h 内每个整点时刻探空气球的上升速度和高度。

要求:
① 分析工程问题,建立数学模型。
② 画出问题求解的流程图。
③ 变量的定义符合标准的命名法。
④ 使用循环语句计算 48h 内探空气球的上升速度和高度。
⑤ 使用规范的注释方式。

(3) 编写程序,计算炮弹在水平方向上到达某处时飞行的持续时间以及距离地面的高度。提示用户输入 3 个参量：炮弹发射仰角（rad）、水平距离（m）、炮弹速度（m/s），输出炮弹飞行时间和垂直高度。

常量：g＝9.8m/s²

公式如下：

$$time = \frac{distance}{velocity \times \cos(\theta)}$$

$$height = velocity \times \sin(\theta) \times time - \frac{1}{2}gt^2$$

要求：

① 分析工程问题，建立数学模型。

② 画出问题求解的流程图。

③ 变量的定义符合标准的命名法。

④ 使用输出语句进行提示，分别使用 scanf 和 printf 语句进行输入和输出。

⑤ 使用子函数定义数学公式，在主函数中调用。

⑥ 使用规范的注释方式。

（4）氨基酸是构成生物体内蛋白质分子的基本单位，与生物的生命活动有着密切的关系。它在抗体内具有特殊的生理功能，是生物体内不可缺少的营养成分之一。氨基酸分子由氧原子、碳原子、氮原子、硫原子、氢原子等组成，各原子的原子量如表 11-1 所示。

表 11-1 各原子的原子量

原 子	原子量	原 子	原子量
氧	16	硫	32
碳	12	氢	1
氮	14		

在自然界中共有 300 多种氨基酸，其中 α-氨基酸 20 种。表 11-2 列出了这 20 种氨基酸中各种原子的数量，根据这些信息，计算出每种氨基酸的分子量。

表 11-2 常见氨基酸（20 种）及各原子数量

名 称	氧原子数量	碳原子数量	氮原子数量	硫原子数量	氢原子数量
丙氨酸	2	3	1	0	7
精氨酸	2	6	4	0	15
天冬氨酸	4	4	1	0	6
半胱氨酸	2	3	1	1	7
谷氨酰胺	3	0	2	0	10
谷氨酸	4	5	1	0	8
组氨酸	2	6	3	0	10

名　　称	氧原子数量	碳原子数量	氮原子数量	硫原子数量	氢原子数量
异亮氨酸	2	6	1	0	13
甘氨酸	2	2	1	0	5
天冬酰胺	3	4	2	0	8
亮氨酸	2	6	1	0	13
赖氨酸	2	6	2	0	15
甲硫氨酸	2	5	1	1	11
苯丙氨酸	2	9	1	0	11
脯氨酸	2	5	1	0	10
丝氨酸	3	3	1	0	7
苏氨酸	3	4	1	0	9
色氨酸	2	11	2	0	11
酪氨酸	3	9	1	0	11
缬氨酸	2	5	1	0	11

要求：

① 分析工程问题,建立数学模型。

② 画出问题求解的流程图。

③ 变量的定义符合标准的命名法。

④ 使用数组和循环结构求解问题。

⑤ 使用规范的注释方式。

(5) 编写程序,求解运动学计算问题。当飞机或汽车在空气中运动时,必须克服阻止它们运动的力,即空气阻力,表示为

$$F = \frac{1}{2}CD \times A \times \rho \times V^2$$

这里 F 代表阻力(N),CD 是空气阻力系数,A 是飞机或汽车的正投影的面积(m^2),ρ 是机身或车身所在的空气或流体密度(kg/m^3),V 代表飞机或汽车的速度。假设一辆汽车在路面上行驶,$\rho = 1.23kg/m^3$,编写程序由用户输入 A 和 CD(一般为 0.2~0.5)的值,调用函数计算空气阻力,显示出速度在 0~20m/s 时的空气阻力。

要求：

① 针对问题开展数学原理和程序算法分析。

② 使用 ♯define 宏定义。

③ 子函数定义要采用模块化的设计思想。

④ 函数和变量定义要规范化。

⑤ 文件头和函数定义要有规范注释。

实验 **12**

面向对象程序设计

12.1 实 验 目 的

(1) 掌握类的定义和使用。

(2) 掌握对象的声明。

(3) 学习具有不同访问属性的成员的访问方式。

(4) 学习定义和使用类的继承关系,定义派生类。

(5) 学习定义和使用虚函数。

12.2 实 验 指 导

本实验指导中将编写两个程序,实验的要求和目标如下:

(1) 编写程序,初始化某学生的数据记录,包括学号、姓名和数学、英语、计算机 3 门课的成绩,计算并输出这个学生 3 门课的平均成绩和总成绩。熟悉类的定义和书写格式以及 I/O 流插入操作符的使用语法。

(2) 编写图书馆借还书系统的学生基类和研究生派生类。熟悉基类和派生类的定义和书写格式以及虚函数的使用语法。

1. 程序一

初始化某学生的数据记录,包括学号、姓名和数学、英语、计算机 3 门课的成绩,计算并输出这个学生 3 门课的平均成绩和总成绩。

要求:

(1) 定义学生类,包括学号、姓名和 3 门课成绩信息。

(2) 使用类实例化对象计算平均成绩和总成绩。

(3) 使用 I/O 流插入操作符≪向 cout 输出流中插入学生的成绩信息。

程序代码如下:

```
#include <iostream>
#include <string>
```

```
using namespace std;                              //标准文件命名空间的定义
class Student
{
public:
    string Id;                                    //string声明字符串变量
    string Name;
    double Score[3] ;                             //double声明双精度变量
    double Average;
    double Sum;
};
void main()
{
    Student s;
    s.Id="0901";
    s.Name="Keroro";
    s.Score[0]=95.0;
    s.Score[1]=90.0;
    s.Score[2]=85.0;
    s.Average=(s.Score[0] +s.Score[1] +s.Score[2])/3.0;
    s.Sum=s.Score[0] +s.Score[1] +s.Score[2];
    cout <<"平均成绩为: " <<s.Average <<endl;      //C++输出流,类似 printf 函数
    cout<<"总成绩为: " <<s.Sum <<endl;
}
```

分析:

(1) 算法。定义学生类,包括学号、姓名和课程成绩数组成员变量,通过生成类的实例对象求出平均成绩和总成绩。

(2) C++ 控制流输入输出的头文件名称为 iostream. h,C 语言的相应头文件名为 stdio. h。iostream. h 文件可以省略扩展名,形式为♯include ＜iostream＞。

(3) 使用 using namespace std 标准文件空间命名格式,以避免标识符命名的冲突。

(4) 类的命名格式为"class 类名",例如 class Student,本质上是 C 语言的面向对象思想的一种表述。类定义在函数外,作用域是全局的范围。

(5) public 的作用是声明类的成员变量为公共变量,在任何函数中,包括 main 函数,都可以直接访问类的公共成员变量。

(6) 类在主函数中使用时要首先实例化,命令格式为 Student s。类的成员变量引用形式为点形式,例如 s. Id、s. Score[0]等。

(7) 编译程序,直到没有错误。运行程序,运行结果如下:

平均成绩为:90
总成绩为:270

(8) 修改程序中的 s. Score[0]、s. Score[1]、s. Score[2]的值,验证程序的正确性。

2. 程序二

编写图书馆借还书系统的学生基类和研究生派生类。其中,学生基类包括学号、姓名

和借阅数量,研究生派生类继承学生基类。

要求:

(1) 定义学生类。

(2) 使用类的继承关系,定义派生类。

(3) 定义成员的访问属性,使用虚函数。

(4) 使用 I/O 流插入操作符≪向 cout 输出流中插入学生的借还书信息。

程序代码如下:

```
#include <iostream.h>
#include <string.h>
class Student
{
public:
    Student(char * sID="no ID",char * sName="no name")
    {
        strcpy(nID,sID);
        strcpy(Name,sName);
    }
    virtual SetBook()                       //定义学生借阅数量的虚函数
    {
        nBook=5;                            //学生正常可以借阅 5 本书
    }
    void display()
    {
        cout << "学号:"<<nID<<"\t"
             << "姓名:"<<Name<< "\t"
             << "可借书:"<<nBook<<"本"<<endl;
    }
protected:                                  //保护的成员变量
    char nID[10];
    char Name[10];
    int nBook;
};
class GraduateStudent:public Student        //研究生类由学生类派生
{
public:
    GraduateStudent(char * sID="no ID",char * sName="no name")
    {
        strcpy(nID,sID);
        strcpy(Name,sName);
    }
    virtual SetBook()                       //定义研究生借阅数量的虚函数
    {
        nBook=10;                           //研究生可以借阅 10 本书
    }
```

```
};
void fun(Student& sp)
{
    sp.SetBook();
}
void main()
{
    Student s("1000","Zhang");              //初始化学生基类变量
    fun(s);
    GraduateStudent gs;                     //默认继承学生基类的初始值
    fun(gs);
    GraduateStudent gs1("3000","Jiao");     //初始化研究生类变量
    fun(gs1);
    s.display();
    gs.display();
    gs1.display();
}
```

分析:

(1) 算法。定义学生类,包含学号、姓名和借阅书数量的成员变量,定义借阅数量的虚函数,定义派生的研究生类,继承学生基类中的成员变量。

(2) class Student 类的定义中 Student(char * sID＝"no ID",char * sName＝"no name")表示类函数的初始化。

(3) virtual SetBook 是虚函数的定义,可以根据继承关系执行不同的虚函数。

(4) class Student 类是基类,class GraduateStudent 是派生类,派生类与基类使用冒号间隔。派生类可以使用基类的公共成员变量。虚函数在基类和派生类中执行的语句不同,但虚函数名称可以相同。

(5) 主函数中 Student s("1000","Zhang")表示初始化基类初始值,GraduateStudent gs1("3000","Jiao")表示初始化派生类初始值。虚函数 fun(s)和 fun(gs1)执行的结果不同。

(6) 运行程序,结果如下:

学号:1000   姓名:Zhang   可借书:5 本
学号:no ID   姓名:no name   可借书:10 本
学号:3000   姓名:Jiao   可借书:10 本

(7) 修改程序中 Student s("1000","Zhang")、GraduateStudent gs1("3000","Jiao")、nBook 的值,验证程序结果以及程序的正确性。

12.3　实　验　内　容

(1) 编写程序,输入 5 个学生的数据记录,其中每个学生都包括学号、姓名和数学、英语、计算机 3 门课的成绩,编程计算并输出总分最高的学生信息,包括学号、姓名、3 门课

的成绩和总分。

要求：

① 使用♯define 宏定义。

② 使用 I/O 流抽取操作符≫从 cin 输入流抽取学生的信息。

③ 定义学生类,包括学生的学号、姓名和 3 门课信息。

④ 采用面向对象模块化的设计思想。

（2）编写程序,定义一个日期类,包括计算闰年的成员函数和年、月、日成员变量,编程输入年月日数据,判断闰年。

要求：

① 使用 I/O 流抽取操作符≫从 cin 输入流抽取年份和月份的信息。

② 对闰年进行判断。

③ 日期类的定义中使用私有成员变量。

④ 使用 I/O 流插入操作符≪向 cout 输出流中插入年份、月份及对应的天数。

（3）编写程序。定义几何图形 Shape 类作为基类,在 Shape 基础上派生出圆 Circle 类和矩形 Rectangle 类,两个派生类都通过函数 CalculateArea 计算面积。

要求：

① 数据初始化函数的原型声明及成员变量放在 Shape 基类中。

② Circle 类和 Rectangle 类均由 Shape 类派生。

③ 在 Circle 类和 Rectangle 类中,使用虚函数 CalculateArea 计算面积。

④ 分别定义成员变量为公有、包含和私有类型,查看编译和程序运行情况。

⑤ 在 Shape 基类中定义显示函数,并使用 I/O 流插入操作符≪向 cout 输出流中插入计算的面积结果。

（4）编写程序。定义人民币 RMB 类,在 RMB 类的基础上派生出利息 Interest 类,计算和显示人民币活期和定期利息。

要求：

① 人民币存款年利率(%)说明：

活期   0.36

三个月   1.91

半年   2.20

一年   2.50

二年   3.25

三年   3.85

五年   4.20

② 在 RMB 类中构造函数原型,声明初始化本息和利息变量。

③ 键盘输入本金分别为人民币 10 000 元、50 000 元和 100 000 元的存期。

④ 使用 I/O 流插入操作符≪向 cout 输出流中插入本金和利息信息。

实验 **13**

并行程序设计

13.1 实验目的

（1）熟悉 MPI 的 Visual C++ 6.0 编程环境。

（2）熟悉进程和消息传递函数的使用。

（3）学习并行程序算法的设计。

13.2 实验指导

本实验指导中将编写两个程序，实验的要求和目标如下：

（1）编写并行 C++ 程序"Hello World!"，在 Visual C++ 6.0 环境中配置 MPI 编程环境。熟悉 MPI 软件开发包 MPICH2，熟悉多线程程序的运行过程。

（2）编写并行程序，实现以多线程的方式求解数学问题。熟悉操作系统多线程的概念，熟悉并行程序分步和分区间的概念。熟悉 MPI 相关函数的使用。

1. 程序一

在 Visual C++ 6.0 环境中配置 MPI 编程环境，编写第一个并行 C++ 程序"Hello World!"。

要求：

（1）配置操作系统为 Windows 7 平台。

（2）MPI 开发包为 MPICH2-1.4 版本。

（3）编写"Hello World!"多线程的并行程序。

程序代码如下：

```
#define MPICH_SKIP_MPICXX      //避开由 mpicxx.h 导致的编译错误
#include "mpi.h"
#include "iostream.h"
int main(int argc, char * argv[])
```

```
    {
        MPI_Init(&argc, &argv);
        cout<< "Hello World!"<<endl;
        MPI_Finalize();
        return 0;
    }
```

分析：

（1）当前使用最多的并行程序实现平台是开源软件包 MPICH 与 OpenMPI。MPICH 的开发与 MPI 规范的制订是同步进行的，因此 MPICH 最能反映 MPI 的变化和发展。下面以 MPICH 开源软件包开发并行程序为例进行讲解。

值得注意的是，MPICH 的开源软件开发包从 MPICH2-1.5 版本至最新版本未提供基于 Windows 平台运行的版本。微软（Microsoft）公司开发了基于 Windows 平台的 MS-MPI（Microsoft MPI）目前更新到 V8 版本（2017 年），微软公司基于开源 MPICH 向 Windows 的移植，实现了很多新的 MPI 特性，主要用在 HPC Pack。使用全套 MS-MPI 系统需要一个 Windows Server 系统的计算机作为头节点，它实现了完整的管理功能。不过 MS-MPI 软件包在行业内并没有被广泛采用。

从学习入门的角度出发，下载 MPICH2-1.4 版本的软件开发包，网址为 http://www.mpich.org/static/downloads/1.4/。此版本支持最新的 Windows 操作系统。网站下载截图如图 13-1 所示。

（2）在 Windows 7 操作系统环境下安装 MPICH2-1.4 开发包（本实例使用的安装程序为 mpich2-1.4-win-ia32.msi）。运行软件安装包，出现软件安全警告，如图 13-2 所示，单击"运行"按钮。

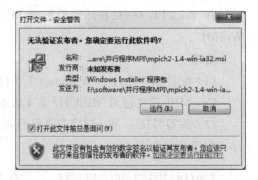

图 13-1　MPICH2-1.4 版本下载网址　　　图 13-2　软件安全运行界面

启动欢迎界面向导，如图 13-3 所示，单击 Next 按钮继续。

进入 MPICH2 的信息提示界面，对系统要求进行说明，如图 13-4 所示，单击 Next 按

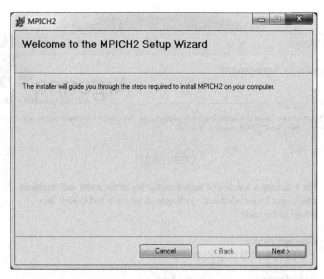

图 13-3　欢迎界面向导

钮继续。

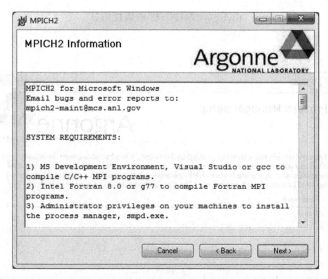

图 13-4　MPICH2 的信息说明

进入软件版权信息界面,如图 13-5 所示,选择 I Agree 选项,单击 Next 按钮继续。

软件要求以管理员权限进行安装,启动 MPI 进程要求预先安装 smpd 服务,安全字用于授权访问 smpd 服务,在 Passphrase 项选择默认的 behappy 文本,单击 Next 按钮继续,如图 13-6 所示。

进入安装路径选择界面,本例选择保存在 D:\MPICH2\路径下,安装 MPICH2 后的使用用户选择 Everyone 项,单击 Next 按钮继续,如图 13-7 所示。

确认开始安装过程,单击 Next 按钮继续,如图 13-8 所示。

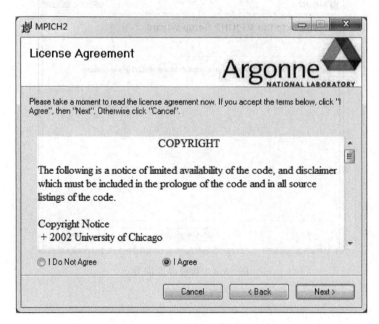

图 13-5　MPICH2 的版权信息

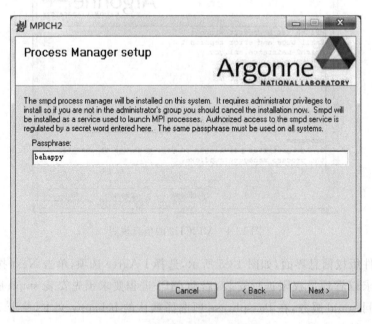

图 13-6　MPICH2 管理员权限信息

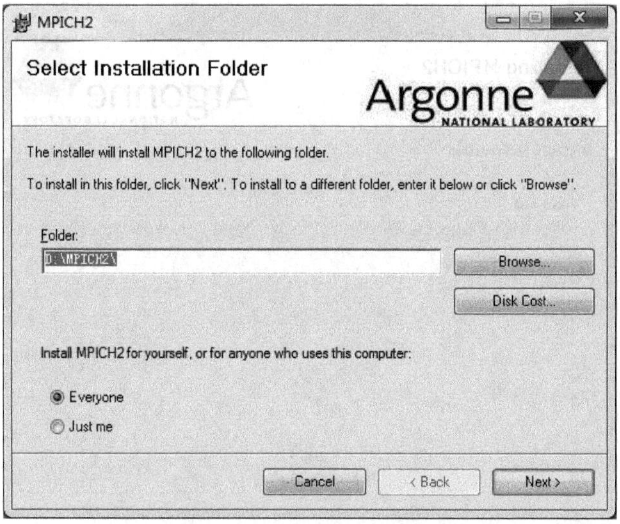

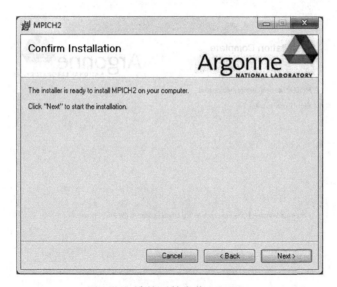

图 13-7　MPICH2 安装路径选择

图 13-8　确认开始安装 MPICH2

　　安装过程开始,显示安装进度,如图 13-9 所示。一般时间为 $10\sim40s$。

　　安装过程结束,单击 Close 按钮,如图 13-10 所示。

　　提示:MPICH2 的安装需要.NET Framework 2 的运行环境,如果 Windows 系统中没有安装.NET Framework 2 框架,需要先安装.NET Framework 2,再安装 MPICH2 开发包。

　　(3) 本例 MPICH2 安装的位置是 D:\MPICH2,该路径下面的 bin 目录下是系统配置运行需要的程序,为了方便在控制台使用这些程序,可以把 D:\MPICH2\bin 加到系统的 PATH 变量中。PATH 变量设置过程如下:

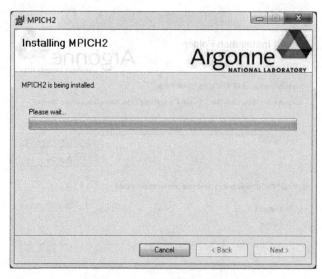

图 13-9　安装过程进度条

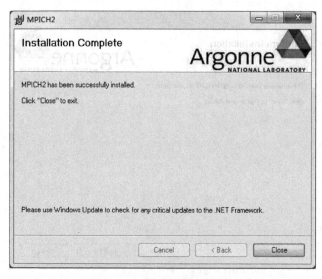

图 13-10　安装过程结束界面

打开 Windows 操作系统资源管理器界面左侧目录导航条,右击"计算机",在快捷菜单中选择"属性"命令,如图 13-11 所示。

在打开的"控制面板"主页面左侧,单击"高级系统设置"项,打开"系统属性"对话框,如图 13-12 所示。

单击"环境变量"按钮,打开"环境变量"对话框,如图 13-13 所示。

选择"Administrator 的用户变量"列表框中的 path 选项,单击"编辑"按钮,打开"编辑用户变量"对话框,如图 13-14 所示。在"变量值"的文本末尾输入";D:\ MPICH2\ bin",分号表示间隔。完成路径输入后,单击"确定"按钮。

图 13-11 弹出菜单"属性"命令项

图 13-12 "系统属性"对话框

图 13-13 "环境变量"对话框

图 13-14 "编辑用户变量"对话框

注意：设置 MPICH2 的 bin 目录(\MPICH2\bin)，以便运行 mpiexec 程序。

注意：根据实际安装路径，bin 目录内的 MPICH2 路径书写要完整。例如，本例的完整路径为 D:\ MPICH2\bin。

(4) 启动 Visual C++ 6.0 程序，选择 Tools→Options 命令，在对话框的 Directories 列表框中设置 include 目录\MPICH2\INCLUDE，本实例的路径设置为 D:\MPICH2\INCLUDE，如图 13-15 所示。设置 lib 目录\MPICH2\LIB，本实例的路径设置为 D:\MPICH2\LIB，如图 13-16 所示。

注意：根据实际安装路径，include 和 lib 目录内的 MPICH2 路径书写要完整。

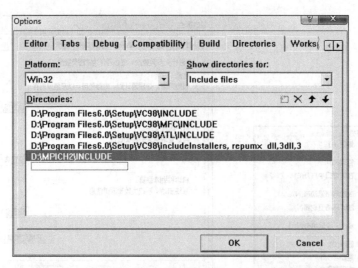

图 13-15　Visual C++ 6.0 环境下的 include 路径设置

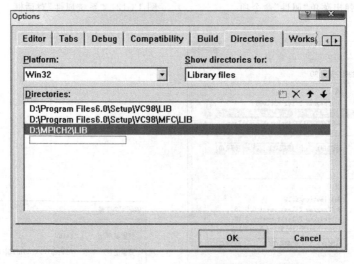

图 13-16　Visual C++ 6.0 环境下的 lib 路径设置

（5）运行\MPICH2\bin 下的 wmpiregister.exe，在注册界面输入本机具有管理员权限的用户名和密码，以便运行 mpiexec 程序。MPICH2 注册界面如图 13-17 所示，输入用户名和密码后，单击 Register 按钮。

如果弹出"Windows 安全警报"对话框，如图 13-18 所示，单击"允许访问"按钮，完成 MPICH2 程序的安全运行访问。

在 MPICH2 注册界面单击 OK 按钮，完成 MPICH2 程序的注册。

注意：如果没有运行此 wmpiregister.exe 文件，在执行 MPICH2 程序时，通过选择"开始"→"程序"→MPICH2→mpiexec.exe 运行程序，在 Application 输入框中输入 MPI 的执行程序，运行时也将提示进行管理员权限的注册。

图 13-17　MPICH2 注册界面

图 13-18　Windows 安全警报界面

（6）在 Visual C++ 6.0 编译环境中，建立一个新文件，把实验内容复制到编辑环境中，文件名保存为 hellompi.cpp，选择 Project→Settings 命令，选择 Project Settings 对话框中的 Link 选项卡，在 Object/library modules 编辑框中添加 mpi.lib，编译程序，直到程序无错误，如图 13-19 所示。注意：每次启动 Visual C++ 6.0 后需重新添加 mpi.lib。

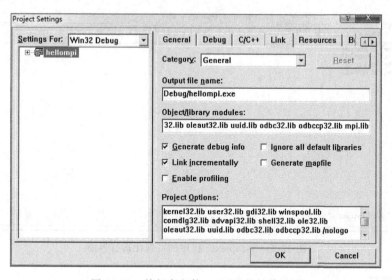
图 13-19　并行库文件 mpi.lib 的链接设置

（7）运行程序，运行结果如下：

Hello World!

运行界面如图 13-20 所示。

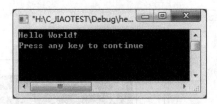

图 13-20　Visual C++ 6.0 环境下的运行结果

（8）通过 MPICH2 自带的可视化界面运行程序。通过"开始"→"程序"→MPICH2→wmpiexec. exe，打开并行程序可视化窗口，单击 Application 右侧的 ⋯ 按钮选择 hellompi. exe 程序，在 Number of processes 项中输入 4，单击 Execute 按钮运行，运行结果如下：

```
Hello World!
Hello World!
Hello World!
Hello World!
```

运行界面如图 13-21 所示。

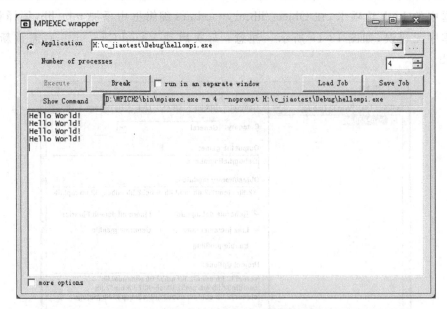

图 13-21　wmpiexec 程序的可视化运行界面

2. 程序二

编写并行算法程序，根据公式 $\dfrac{\pi^2}{6}=\dfrac{1}{1^2}+\dfrac{1}{2^2}+\cdots+\dfrac{1}{n^2}$ 求出 π 值。

要求：

（1）使用标准 C 语言语法。

（2）结果输出显示的进程数为 10 个。

（3）使用 MPI_Send 函数发送消息。

（4）使用 MPI_Recv 函数接收消息。

程序代码如下：

```c
#include <stdio.h>
#include <stdlib.h>
#include <string.h>
#include <math.h>
#define MPICH_SKIP_MPICXX        //避开由 mpicxx.h 导致的编译错误
#include "mpi.h"                 //包含 MPI 函数库
/*
 * 函数名：fun
 * 功   能：计算第 n 项的值，x=n
 * 输   入：double x
 * 输   出：无
 * 返回值：第 n 项的值
 */
double fun(double x)
{
    return 1.0 /(x * x);
}
/*
 * 函数名：segmenty
 * 功   能：第 n 个进程完成的计算任务，计算 [n,m] 区间的结果，步长为 step
 * 输   入：unsigned long n        计算开始项索引
 *          unsigned long m        计算结束项索引
 *          unsigned long step     步长
 * 输   出：无
 * 返回值：[n,m] 区间的结果，步长为 step 的序列之和
 */
double segmenty(unsigned long n,unsigned long m,unsigned long step)
{
    double y=0.0;
    unsigned long i;
    for (i=n;i<=m;i+=step)
    {
        y=y+fun(i);
    }
    return y;
}
int main(int argc,char * argv[])
{
    int myid, numprocs,i;
    unsigned long n=100000L;
```

```
double mypi, pi, y;
int    namelen;
char processor_name[MPI_MAX_PROCESSOR_NAME];
MPI_Status status;
//初始化 MPI 环境
MPI_Init(&argc,&argv);
//获得当前空间进程数量
MPI_Comm_size(MPI_COMM_WORLD,&numprocs);
//获得当前进程 ID
MPI_Comm_rank(MPI_COMM_WORLD,&myid);
//获得进程的详细名称
MPI_Get_processor_name(processor_name,&namelen);
printf("全部进程数量为%d进程 %d 运行在计算机 %s\n",numprocs,myid,processor_
name);
fflush(stdout);                    //立刻清空输出缓冲区,并输出缓冲区内容
mypi= segmenty(myid +1, n, numprocs);
if(myid==0)
{
    //编号为 0 的进程负责从其他进程收集计算结果
    y=mypi;
    //将多个进程的计算结果累加
    for(i=1;i<numprocs;i++)
    {
        MPI_Recv(&mypi,1,MPI_DOUBLE,i,0,MPI_COMM_WORLD,&status);
        y=y+mypi;
    }
    pi=sqrt(6 * y);           //计算 PI
    printf("pi=%.16lf",pi);
    fflush(stdout);           //清理输出流
} else
{
    //其他进程负责将计算结果发送到编号为 0 的进程
    MPI_Send(&mypi,1,MPI_DOUBLE,0,0,MPI_COMM_WORLD);
}
//退出 MPI 环境
    MPI_Finalize();
    return 0;
}
```

分析:

(1) 算法。定义函数计算第 n 项的值;定义进程函数完成各进程计算任务。

(2) 将文件命名为 PI_MPI.c,编译程序,直到程序无错误,生成 PI_MPI.exe 可执行文件。

(3) 使用 MPICH2 自带的可视化界面运行程序。选择"开始"→"程序"→MPICH2→ wmpiexec.exe,打开并行程序可视化窗口,单击 Application 右侧的 ⋯ 按钮选择 PI_ MPI.exe 程序,在 Number of processes 项中输入 4,单击 Execute 按钮,MPICH2 的可视

化运行界面如图 13-22 所示。

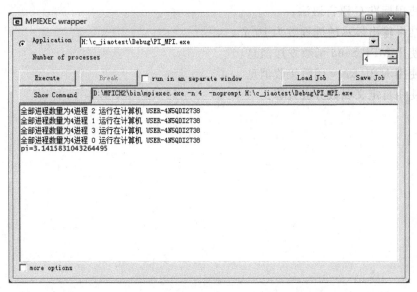

图 13-22　PI_MPI.exe 程序的可视化运行界面

运行结果如下：

全部进程数量为 4 进程 2 运行在计算机 USER-4N5QDI2738

全部进程数量为 4 进程 1 运行在计算机 USER-4N5QDI2738

全部进程数量为 4 进程 3 运行在计算机 USER-4N5QDI2738

全部进程数量为 4 进程 0 运行在计算机 USER-4N5QDI2738

pi=3.1415831043264495

上述运行结果列出了进程数量和进程运行的顺序,其中,USER-4N5QDI2738 为主机名称。

13.3　实 验 内 容

(1) 编写并行程序,实现所有的进程均向编号为 0 的进程发送问候消息,由 0 号进程负责将这些问候打印出来。例如,编号为 1 的进程发送的消息为"你好 0 进程,来自进程 1 的问候!",编号为 2 的进程发送的消息为"你好 0 进程,来自进程 2 的问候!"。

要求:

① 使用标准 C 语言语法。

② 结果输出显示时至少有两个进程发送问候信息。

③ 使用 MPI_Send 函数发送消息。

④ 使用 MPI_Recv 函数接收消息。

(2) 编写并行算法程序,求出 $1+2+\cdots+100$ 的结果。

要求：

① 使用标准 C 语言语法。

② 结果输出显示的进程数为 10 个。

③ 使用 MPI_Send 函数发送消息。

④ 使用 MPI_Recv 函数接收消息。

⑤ 使用自定义函数分段计算。

个体软件开发

14.1 实 验 目 的

（1）掌握 C 语言程序编码规范。

（2）学习和熟悉个体软件开发（PSP）过程。

14.2 实 验 指 导

本实验指导中将编写两个程序，实验的要求和目标如下：

（1）按照 ANSI C 程序编写规范编写程序，输入 10 个整数，求和并输出和值。熟悉程序编写规范的要求，熟悉数据类型定义规范，熟悉函数和过程规范性。

（2）以开发学生管理系统为例，编写个体软件开发过程 PSP0 级的计划过程管理时间记录日志、开发过程管理时间记录日志和总结过程管理的缺陷记录日志。熟悉开发过程的计划、过程记录编写，熟悉项目计划的周活动记录日志文档的编写，熟悉开发过程的时间记录日志文档编写，熟悉项目的缺陷记录编写。

1. 程序一

按照 ANSI C 程序编写规范编写程序，输入 10 个整数，求和并输出和值。

要求：

（1）具有文件说明注释。

（2）数据类型定义规范。

（3）遵循函数和过程规范。

程序代码如下：

```
/**********************************************
 * 文件名：Inputintandsum.c
 * 作  者：Minghai Jiao
 * 日  期：2016 年 11 月 1 日
 *
 * 描  述：本文件要求从键盘输入 10 个整数，
```

```
*           求和后输出和值
*
*   修   改：Minghai Jiao 2016 年 11 月 1 日规范了
*           输入变量,增加了输入提示和注释
*
*********************************************/
#include <stdio.h>
void main()
{
    //初始化输入变量、和值变量及循环变量
    int input_x, result_sum, i;
    result_sum=0;
    i=1;
    //请输入提示语句
    printf("Please input the initl variable value:");
    //当循环次数小于或等于 10 次时,进行循环
    while(i<=10)
    {
        scanf("%d",&input_x);          //键盘输入变量函数
        result_sum=result_sum+input_x;
        i=i+1;                          //变量自增 1
    }
    //printf 函数输出和值结果
    printf("The sum of 10 numbers is %d\n", result_sum);
}
```

分析：

(1) 增加文件说明内容,变量标识符命名有意义,增加必要的注释,程序代码排版容易阅读、理解和修改。

(2) 运行程序,结果如下：

```
Please input the initl variable value:1 2 3 4 5 6 7 8 9 1
The sum of 10 numbers is 46
```

(3) 对照注释语句,重新阅读程序,输入 10 个新的数据,观察输出结果。

2. 程序二

以开发学生管理系统为例,编写个体软件开发过程 PSP0 级的计划过程管理时间记录日志、开发过程管理时间记录日志和总结过程管理的缺陷记录日志。

要求：

(1) 时间记录尽可能全面。

(2) 各个过程陈述清楚,无二义性。

(3) 日志文档设计合理。

分析：

(1) 实验主要集中在 3 个任务：计划日志记录一周的开发计划活动时间;开发过程日

志记录代码开发活动的详细时间;总结过程日志记录开发活动的缺陷细节。

(2) 编写学生信息管理系统项目计划的周活动记录日志文档如下:

姓名:唐亮 日期:2016 年 10 月 16 日

日　期	任务/min				小计/min
	培训	编写程序	知识学习	模块测试	
周日(10.17)	50	188	80		318
周一(10.18)		40			40
周二(10.19)	40	50			90
周三(10.20)	50	69	28		147
周四(10.21)		114			114
周五(10.22)	50		38		88
周六(10.23)				134	134
周小计	190	461	146	134	931

(3) 编写开发过程的时间记录日志文档如下:

姓名:李强 程序指导:焦明海 日期:2016 年 11 月 23 日

日期	开始时间	结束时间	中断时间/min	净时间/min	活动	备　注	C	U
10.17	9:00	9:50		50	培训	讲座		
	10:40	11:18	10	28	编程序	学生信息录入界面		
	14:00	14:50		50	编程序	学生信息录入界面		
	18:30	19:50		80	学习	学习 ASP.NET 开发知识		
	20:10	22:00		110	编程序	学生信息录入界面		
10.18	10:00	10:40	20	20	编程序	学生信息录入界面	X	1
10.19	9:00	9:40		40	培训	讲座		
	10:40	11:30		50	编程序	学生信息查询界面		

时间日志说明:

- 中断时间:记录没有花费在该过程活动上的中断时间,如果有几次中断,输入总的时间。可以在备注中输入各次中断时间。
- 净时间:输入实际花费的时间,应减去中断时间。
- C(Completed):当完成任务时,在此栏做标记。
- U(Units):输入完成的单元数目。

（4）编写总结过程的缺陷记录日志文档如下：

姓名：李睿　　　　　　　　　　　　　　　　　　　　　　记录日期：2016 年 11 月 23 日

缺陷编号	缺陷类型	注入阶段	排除阶段	修复日期	缺陷关系	缺陷描述
1	10	编码过程	编码检查	11.23	来自缺陷 1	第 18 行的注释
2	10	编码过程	编码检查	11.23	来自缺陷 2	第 40 行的注释
3	20	编码过程	编码检查	11.23	来自缺陷 3	代码 3 第 76 行

14.3　实 验 内 容

（1）按照 ANSI C 程序编写规范编写程序，计算整数 1~10 的阶乘之和。

要求：

① 具有文件说明的注释。

② 阶乘算法程序使用子函数编写。

③ 使用规范的数据类型定义。

④ 使用规范的函数定义。

⑤ 使用规范的程序代码编写过程。

⑥ 使用程序代码行注释。

（2）以开发邮件管理系统为例，编写个体软件开发过程 PSP0 级的计划过程管理时间记录日志、开发过程管理时间记录日志和总结过程管理的缺陷记录日志。

要求：

① 时间记录尽可能全面。

② 各个过程陈述清楚，无二义性。

③ 日志文档内容详细、合理。

第2部分

基本概念测试

第2部分

基本概念和方法

测试 **1**

计算机及程序设计概述

选择题

（1）为了避免流程图在描述程序逻辑时的随意性，提出了用方框图来代替传统的程序流程图，通常也把这种图称为（　　）。

    A. PAD 图　　　　　　B. N-S 图　　　　　C. 结构图　　　　　　D. 数据流图

（2）以下选项中（　　）不是结构化程序设计方法遵循的原则。

    A. 自上而下逐步求精

    B. 对象化设计

    C. 模块化设计

    D. 采用顺序结构、选择结构和循环结构表示程序逻辑

（3）算法的有穷性是指（　　）。

    A. 算法程序的运行时间是有限的

    B. 算法程序所处理的数据量是有限的

    C. 算法程序的长度是有限的

    D. 算法只能被有限的用户使用

（4）以下叙述中正确的是（　　）。

    A. 用 C 程序实现的算法必须有输入和输出操作

    B. 用 C 程序实现的算法可以没有输出，但必须有输入

    C. 用 C 程序实现的算法可以没有输入，但必须有输出

    D. 用 C 程序实现的算法可以既没有输入也没有输出

（5）以下不属于高级程序设计语言的是（　　）。

    A. C 语言　　　　　　B. Java 语言　　　　C. 汇编语言　　　　　D. C++ 语言

（6）算法的时间复杂度是指（　　）。

    A. 执行算法程序所需要的时间

    B. 算法程序的长度

    C. 算法执行过程中所需要的基本运算次数

    D. 算法程序中的指令条数

（7）软件是指（　　）。

A. 程序

B. 程序和文档

C. 算法加数据结构

D. 程序、数据与相关文档的完整集合

(8) 计算机系统中用于存放正在处理的数据和程序的设备是(　　)。

A. 硬盘　　　　　B. 内存　　　　　C. 控制器　　　　　D. 输入设备

(9) 在设计程序时应采纳的原则之一是(　　)。

A. 不限制 goto 语句的使用

B. 减少或取消注释行

C. 程序越短越好

D. 程序结构应有助于读者理解

(10) 下列叙述中正确的是(　　)。

A. 程序执行的效率与数据的存储结构密切相关

B. 程序执行的效率只取决于程序的控制结构

C. 程序执行的效率只取决于所处理的数据量

D. 以上三种说法都不对

(11) 下列叙述中不符合良好程序设计风格要求的是(　　)。

A. 程序的效率第一,清晰第二

B. 程序的可读性好

C. 程序中要有必要的注释

D. 输入数据前要有提示信息

(12) 算法的空间复杂度是指(　　)。

A. 算法程序的长度

B. 算法程序中的指令条数

C. 算法程序所占的存储空间

D. 执行算法需要的内存空间

(13) 以下叙述中错误的是(　　)。

A. 计算机不能直接执行用 C 语言编写的源程序

B. C 程序经编译后,生成扩展名为 obj 的目标文件

C. 编译形成的扩展名为.obj 的目标文件经连接后生成扩展名为 exe 的可执行文件

D. 扩展名为.obj 和.exe 的文件都可以直接运行

(14) 以下叙述中正确的是(　　)。

A. C 程序中的注释只能出现在程序的开始位置和语句的后面

B. C 程序书写格式严格,要求一行内只能写一个语句

C. C 程序书写格式自由,一个语句可以写在多行上

D. 一个 C 语言源程序文件只能由一个函数组成

(15) C 语言的基本单位是(　　)。

A. 函数　　　　　B. 过程　　　　　C. 子程序　　　　　D. 子函数

信息编码与数据类型

选择题

(1) 下列可用于 C 语言用户标识符的是(　　)。

A. void，define，WORD　　　　　　　B. a3_3，_123，Car

C. For，-abc，IF Case　　　　　　　D. 2a，DO，sizeof

(2) 以下选项中可作为 C 语言合法常量的是(　　)。

A. −80　　　　　　B. −080　　　　　　C. −8e1.0　　　　　D. −80.0e

(3) 以下定义语句中正确的是(　　)。

A. int a＝b＝0；　　　　　　　　　　B. char A＝65＋1，b＝'b'；

C. float a＝1，b＝c＋5；　　　　　　D. double a＝0.0；b＝1.1；

(4) 以下选项中不能作为合法常量的是(　　)。

A. 1.234e04　　　B. 1.234e0.4　　　C. 1.234e＋4　　　D. 1.234e0

(5) 以下选项中所有的标识符均不合法的是(　　)。

A. A，P_0，do　　　　　　　　　　B. float，la0，_A

C. b−a，goto，int　　　　　　　　D. _123，temp，int

(6) 以下选项中不属于字符常量的是(　　)。

A. 'C'　　　　　　B. "C"　　　　　　C. '\xCC'　　　　　D. '\072'

(7) 以下选项中可以正确表示字符型常量的是(　　)。

A. '\r'　　　　　　B. "a"　　　　　　C. "\897"　　　　　D. 296

(8) 字符串常量"hello"在内存中占用的存储空间是(　　)。

A. 1B　　　　　　B. 5B　　　　　　C. 6B　　　　　　D. 7B

(9) 以下变量中声明合法的是(　　)。

A. short a＝1.4e−1；　　　　　　　B. double b＝1＋3e2.8；

C. long do＝oxfdaL；　　　　　　　D. float 2asd＝1e−3；

(10) 以下选项中非法的字符常量是(　　)。

A. '\t'　　　　　　B. '\39'　　　　　　C. ','　　　　　　D. '\n'

(11) 以下 C 语言常量中错误的是(　　　)。

　　A. 0Xff　　　　　　B. 1.2e0.5　　　　　C. 2L　　　　　　D. '\72'

(12) 以下数据中属于字符串常量的是(　　　)。

　　A. A　　　　　　　　　　　　　　B. How do you do.

　　C. $ abc　　　　　　　　　　　　D. "house"

(13) 以下标识符中不能作为合法的 C 语言用户定义标识符的是(　　　)。

　　A. hot_do　　　　　B. cat1　　　　　　C. _pri　　　　　D. 2ab

测试 3

基本运算与顺序结构

一、选择题

(1) 有以下程序段:

```
char ch;
int k;
ch='a';
k=12;
printf("%c,%d,",ch,ch);
printf("k=%d \n",k);
```

已知字符 a 的 ASCII 码值为 97,则执行上述程序段后输出结果是(   )。

    A. 因变量类型与格式描述符的类型不匹配,输出无定值

    B. 输出项与格式描述符个数不符,输出为零值或不定值

    C. a,97,12k=12

    D. a,97,k=12

(2) 以下叙述不正确的是(   )。

    A. 在 C 程序中,逗号运算符的优先级最低

    B. 在 C 程序中,APH 和 aph 是两个不同的变量

    C. 若 a 和 b 类型相同,在计算赋值表达式 a=b 后 b 中的值将放入 a 中,而 b 中的值不变

    D. 当从键盘输入数据时,对于整型变量只能输入整型数值,对于实型变量只能输入实型数值

(3) 在 C 语言中,运算对象必须是整型数的运算符是(   )。

    A. %   B. /   C. %和/   D. *

(4) 若变量均已正确定义并赋值,以下 C 语言赋值语句合法的是(   )。

    A. x=y==5;   B. x=n%2.5;   C. x+n=i;   D. x=5=4+1;

(5) 若有定义语句 int x=10;,则表达式 x−=x+x 的值为(   )。

    A. −20   B. −10   C. 0   D. 10

(6) 设变量已正确定义并赋值,以下正确的表达式是(   )。

A. x＝y＊5＝x＋z   B. int(15.8％5)

C. x＝y＋z＋5,＋＋y   D. x＝25％5.0

(7) 以下程序的输出结果是(　　)。

```
main()
{
    int c=35;
    printf("%d\n",c&c);
}
```

A. 0   B. 70   C. 35   D. 1

(8) 变量 a 中的数据用二进制表示的形式是 01011101,变量 b 中的数据用二进制表示的形式是 11110000。若要求将 a 的高 4 位取反,低 4 位不变,要执行的运算是(　　)。

A. a^b   B. a|b   C. a&b   D. a<<4

(9) 3 种基本程序结构不包括(　　)。

A. 顺序结构   B. 选择结构   C. 循环结构   D. 函数结构

(10) 若变量 a、b 已正确定义,且 b 已正确赋值,则合法的语句是(　　)。

A. b＝double(b);   B. a＝(int)b;

C. a＝a＋＋＝5;   D. a＝double(b);

(11) 阅读以下程序,当输入的数据形式为:25,13,10,然后回车,正确的输出结果是(　　)。

```
#include <stdio.h>
main()
{
    int x,y,z;
    scanf("%d%d%d",&x,&y,&z);
    printf(x+y+z=%d\n",x+y+z);
}
```

A. x＋y＋z＝48   B. x＋y＋z＝35   C. x＋z＝35   D. 不能确定

(12) 设 x＝015,则 x＝x^017 的值是(　　)。

A. 00001111   B. 11111101   C. 00000010   D. 11000000

(13) 设 x 为整型变量,则执行以下语句后,x 的值为(　　)。

x=10; x=x-=x-x;

A. 10   B. 20   C. 40   D. 30

(14) 下列程序执行后的输出结果是(　　)。

```
main()
{
    int x='f';
    printf("%c\n",'A'+(x-'a'+1));
}
```

A. G   B. H   C. I   D. J

(15) 表达式'5'—'1'的值是(   )。

A. 整数 4   B. 字符 4   C. 表达式不合法   D. 字符 6

(16) 若有下列定义和语句：

```
int u=011,v=0x11,w=11;
printf("%o,%x,%d\n",u,v,w);
```

则输出结果是(   )。

A. 9,17,11   B. 9,11,11   C. 11,11,11   D. 11,17,11

(17) 若有下列定义：int i=8，j=9；，则下列语句输出的结果是(   )。

```
printf("i=%d,j=%d\n",i,j);
```

A. i=%8,j=%9   B. i=%d,j=%d

C. i=8,j=9   D. 8,9

(18) 下列程序的输出结果是(   )。

```
main()
{
    double d=3.2;
    int x,y;
    x=1.2;
    y=(x+3.8)/5.0;
    printf("%d\n",d*y);
}
```

A. 3   B. 3.2   C. 0   D. 3.07

(19) 设有以下语句：

```
int a=1,b=2,c;
c=a^(b<<2);
```

执行后，c 的值为(   )。

A. 6   B. 7   C. 8   D. 9

(20) 语句 printf("a\bre\'hi\'y\\\bou\n");的输出结果是(   )。

A. a\bre\'hi\'y \\\bou   B. a\bre\'hi\\y\bou

C. re'hi'you   D. abre'hi'y\bou

二、填空题

(1) 以下程序的输出结果是_____。

```
main()
{
```

```
    char c='z';
    printf("%c",c-25);
}
```

（2）设变量已正确定义为整型，则表达式 n＝i＝2，＋＋i，i＋＋的值为_____。

（3）以下程序的输出结果是_____。

```
main()
{
    char a='a',b;
    printf("%c,",++a);
    printf("%c\n",b=a++);
}
```

（4）以下程序的输出结果是_____。

```
main()
{
    int a;
    printf("%d\n",(a=2*3,a*5,a+7));
}
```

（5）以下程序的输出结果是_____。

```
main()
{
    int x=10;
    printf("%d,%d\n",x,x++);
}
```

测试 4

逻辑判断与选择结构

一、选择题

(1) 当整型变量 c 的值不为 2、4、6 时，值也为"真"的表达式是( )。

    A. (c==2)||(c==4)||(c==6)

    B. (c>=2&& c<=6)||(c! =3)||(c! =5)

    C. (c>=2&&c<=6)&&! (c%2)

    D. (c>=2&& c<=6)&&(c%2! =1)

(2) 已知字母 A 的 ASCII 代码值为 65，若变量 kk 为 char 型，以下不能正确判断出 kk 中的值为大写字母的表达式是( )。

    A. kk>='A'&& kk<='Z'   B. ! (kk>='A'||kk<='Z')

    C. (kk+32)>='a'&&(kk+32)<='z'   D. isalpha(kk)&&(kk<91)

(3) 若有条件表达式 (exp)? a++:b--，则以下表达式中完全等价于表达式 (exp)的是( )。

    A. (exp==0)   B. (exp! =0)   C. (exp==1)   D. (exp! =1)

(4) 若变量已正确定义，有以下程序段：

```
int a=3,b=5,c=7;
if(a>b) a=b;c=a;
if(c!=a) c=b;
printf("%d,%d,%d\n",a,b,c);
```

其输出结果是( )。

    A. 程序段有语法错误   B. 3,5,3

    C. 3,5,5   D. 3,5,7

(5) 有以下程序：

```
#include <stdio.h>
main()
{
    int a=12, b=-34, c=56, min=0; min=a;
    if(min>b) min=b;
    if(min>c) min=c;
```

```
        printf("%d, min);
   }
```

程序的运行结果是(   )。

      A. 0   B. −34   C. 56   D. 12

(6) 若有定义：float x=1.5;int a=1,b=3,c=2;,则正确的 switch 语句是(   )。

    A. switch(x)   B. switch((int)x);

       { case 1.0：printf(" * \n");   { case 1：printf(" * \n");

          case 2.0：printf(" * * \n");}   case 2：printf(" * * \n");}

    C. switch(a+b)   D. switch(a+b)

       { case 1：printf(" * \n");   { case 1：printf(* * \n);}

          case 2+1：printf(" * * \n");}   case c：printf(* * \n);}

(7) 以下程序的运行结果是(   )。

```
#include "stdio.h"
main()
{
    int x=-9,y=5,z=8;
    if(x<y)
        if(y<0)
            z=0;
    else
        z+=1;
    printf("%d\n",z);
}
```

    A. 6   B. 7   C. 8   D. 9

(8) 在执行以下程序时,若从键盘输入 6 和 8,则输出结果为(   )。

```
main()
{
    int a,b,s;
    scanf("%d%d",&a,&b);
    s=a;
    if(a<b)
    s=b;
    s*=s;
    printf("%d",s);
}
```

    A. 36   B. 64   C. 48   D. 以上都不对

(9) 有以下程序：

```
#include <stdio.h>
main()
```

```
{
    int x=1,y=0,a=0,b=0;
    switch(x)
    {  case 1:
            switch(y)
            {  case 0: a++;  break;
                case 1: b++;  break;
            }
        case 2: a++; b++; break;
        case 3: a++; b++;
    }
    printf("a=%d,b=%d\n",a,b);
}
```

程序的运行结果是(   )。

    A. a＝1,b＝0   B. a＝2,b＝2   C. a＝1,b＝1   D. a＝2,b＝1

(10) if(表达式)中的"表达式"(   )。

    A. 必须是逻辑表达式   B. 必须是关系表达式

    C. 必须是逻辑表达式和关系表达式   D. 可以是任意合法的表达式

(11) C 语言对于嵌套的 if 语句规定 else 总是与(   )配对。

    A. 最外层的 if   B. 之前最近的且未配对的 if

    C. 之前最近的不带 else 的 if   D. 最近的{ }之前的 if

(12) 有以下程序：

```
#include <stdio.h>
main()
{
    float a,b,c,t;
    a=3; b=7; c=1;
    if(a>b) {t=a;a=b;b=t;}
    if(a>c) {t=a;a=c;c=t;}
    if(b>c) {t=b;b=c;c=t;}
    printf("%5.2f,%5.2f,%5.2f",a,b,c);
}
```

程序的运行结果是(   )。

    A. 1.00,3.00,7.00   B. 1.00,1.00,7.00

    C. 2.00,3.00,7.00   D. 1.00,3.00,1.00

(13) 以下 4 个选项中,不能看作一条语句的是(   )。

    A. ;   B. a＝5,b＝2.5,c＝3.6;

    C. if(a＜5);   D. if(b!＝5) x＝2; y＝6;

(14) 以下程序的输出结果是(   )。

```
main ()
```

```
{
    int m=5;
    if (m>5)
        printf ("%d\n",m);
    else
        printf ("%d\n",m--);
}
```

  A. 7   B. 6   C. 5   D. 4

(15) 有以下程序:

```
main()
{
    int x;
    scanf("%d",&x);
    if(x--<5)
        printf("%d",x);
    else
        printf("%d",x++);
}
```

程序运行后,如果从键盘上输入 5,则输出结果是(　　)。

  A. 3   B. 4   C. 5   D. 6

(16) 以下程序的输出结果是(　　)。

```
main( )
{
    int a=0,i=3;
    switch(i)
    {
        case 0: a+=1;
        case 3: a+=2;
        case 1:
        case 2: a+=3;
        default: a+=5;
    }
    printf("%d\n",a);
}
```

  A. 10   B. 2   C. 5   D. 3

(17) 以下程序的输出结果是(　　)。

```
main()
{
    int a=5,b=4,c=6,d;
    printf("%d\n",d=a>b? (a>c? a:c):(b));
```

```
        }
        A.   5           B. 4           C.   6           D. 不确定
```

(18) 有以下程序：

```
main()
{
    int i=1, j=1, k=2;
    if ( (j++|| k++) && i++)
        printf("%d,%d,%d\n", i, j, k);
}
```

程序运行后输出结果是（   ）。

        A. 1,1,2   B. 2,2,1   C. 2,2,2   D. 2,2,3

(19) 假定 w、x、y、z、m 均为 int 型变量，有以下程序段：

```
int w=1, x=2,y=3, z=4,m;
m= (w<x)?w: x;
m= (m<y)?m: y;
m= (m<z)?m: z;
```

则该程序运行后 m 的值是（   ）。

        A. 4   B. 3   C. 2   D. 1

(20) 若要求在 if 后一对圆括号中表示 a 不等于 0 的关系，则能正确表示这一关系的表达式为（   ）。

        A. a<>0   B. ！a   C. a＝0   D. a

二、填空题

(1) 以下程序的输出结果是_____。

```
#include "stdio.h"
main()
{
    int a=-1,b=1,k;
    if((++a<0)&&!(b--<=0))
        printf("%d,%d\n",a,b);
    else
        printf("%d,%d\n",b,a);
}
```

(2) 以下程序的输出结果是_____。

```
#include "stdio.h"
main()
{
```

```
    int x,y,z;
    x=1;y=2;z=3;
    if(x>y)
        if(x>z)
            printf("%d",x);
        else
            printf("%d",y);
    printf("%d\n",z);
}
```

（3）以下程序的输出结果是_____。

```
#include <stdio.h>
void main()
{
    char c='d';
    if('m'<c<='z')
        printf("YES");
    else
        printf("NO");
}
```

（4）以下程序的输出结果是_____。

```
#include <stdio.h>
void main()
{
    int a=16,b=21,m=0;
    switch(a%3)
    {   case 0: m++; break;
        case 1: m++;
        switch(b%2)
        {   default: m++;
            case 0: m++;break;
        }
    }
    printf("%d",m);
}
```

（5）以下程序的输出结果是_____。

```
#include <stdio.h>
main()
{
    int a=12, b=-34, c=56, max;
    max=a;
    if(max<b)
```

```
        max=b;
    if(max<c)
        max=c;
    printf("max=%d", max);
}
```

(6) 以下程序的输出结果是_____。

```
#include <stdio.h>
main ( )
{
    float c=3.0 , d=4.0;
    if (c>d) c=5.0;
    else
        if (c==d) c=6.0;
        else c=7.0;
    printf ("%.1f\n",c);
}
```

(7) 以下程序的输出结果是_____。

```
#include <stdio.h>
main()
{
    char grade='C';
    switch(grade)
    {
        case 'A': printf("90-100\n");
        case 'B': printf("80-90\n");
        case 'C': printf("70-80\n");
        case 'D': printf("60-70\n"); break;
        case 'E': printf("<60\n");
        default : printf("error!\n");
    }
}
```

(8) 已定义 char ch='$'; int i=1, j=0;,执行 j!=ch&&i++;语句,i 的值为_____。

(9) 若运行下面的程序时从键盘输入"5,2",则输出结果是_____。

```
main()
{
    int a,b,k;
    scanf("%d,%d",&a,&b);
    k=a;
```

```
        if(a<b)
            k=a%b;
        else
            k=b%a;
        printf("%d\n",k);
    }
```

测试 5

迭代计算与循环结构

一、选择题

(1) 有以下程序：

```
main()
{
    int i,s=1;
    for (i=1;i<50;i++)
        if(!(i%5)&&!(i%3))
            s+=i;
    printf("%d\n",s);
}
```

程序的输出结果是(   )。

    A. 409   B. 277   C. 1   D. 91

(2) 以下程序的输出结果是(   )。

```
#include "stdio.h"
main()
{
    int i,a=0,b=0;
    for(i=1;i<10;i++)
    {
        if(i%2==0)
        {   a++;
            continue;
        }
        b++;
    }
    printf("a=%d,b=%d",a,b);
}
```

    A. a＝4,b＝4   B. a＝4,b＝5   C. a＝5,b＝4   D. a＝5,b＝5

(3) 以下程序运行时输出 * 的个数是(   )。

```
#include "stdio.h"
main()
{
    int i;
    for(i=0;i<6;i++)
        printf(" * ");
}
```

    A. 9   B. 5   C. 6   D. 7

（4）有以下程序：

```
#include <stdio.h>
main()
{
    int y=9;
    for(;y>0;y--)
        if(y%3==0)
            printf("%d",--y);
}
```

程序的运行结果是（　　　）。

    A. 741   B. 963   C. 852   D. 875421

（5）已知：

```
int t=0;
while (t=1)
{…}
```

则以下叙述正确的是（　　　）。

    A. 循环控制表达式的值为 0   B. 循环控制表达式的值为 1
    C. 循环控制表达式不合法   D. 以上说法都不对

（6）设有以下程序段：

```
int x=0,s=0;
while(!x!=0)   s+=++x;
printf("%d",s);
```

则以下叙述正确的是（　　　）。

    A. 运行程序段后输出 0   B. 运行程序段后输出 1
    C. 程序段中的控制表达式是非法的   D. 程序段执行无限次

（7）以下描述中正确的是（　　　）。

    A. 由于 do…while 循环中循环体语句只能是一条可执行语句,所以循环体内不
       能使用复合语句

    B. do…while 循环由 do 开始,用 while 结束,在 while(表达式)后面不能加分号

    C. 在 do…while 循环体中,先执行一次循环,再进行判断

程序设计基础(C 语言)实验指导与测试(第 3 版)

D. do…while 循环中,根据情况可以省略 while

(8) 有以下程序段:

```c
int i=0;
do
  printf("%d,",i);
while(i++);
printf("%d\n",i);
```

若变量已正确定义,其输出结果是(   )。

    A. 0,0   B. 0,1

    C. 1,1   D. 程序进入无限循环

(9) 若程序执行时输入的数据是"2473",则以下程序的输出结果是(   )。

```c
#include <stdio.h>
void main()
{
    int cs;
    while((cs=getchar())!='\n')
    {
        switch(cs-'2')
        {  case 0:
           case 1: putchar(cs+4);
           case 2: putchar(cs+4);
                   break;
           case 3: putchar(cs+3);
           default: putchar(cs+2);
        }
    }
}
```

    A. 668977   B. 668966   C. 6677877   D. 6688766

(10) 有以下程序:

```c
#include <stdio.h>
main()
{
    int i,j,m=55;
    for (i=1;i<=3;i++)
        for(j=3;j<=i;j++)
            m=m%j;
    printf("%d\n",m);
}
```

程序的运行结果是(   )。

A. 0   B. 1   C. 2   D. 3

(11) 有以下程序：

```
main()
{
    int k=5,n=0;
    do
    {  switch(k)
       {  case 1: case 3: n+=1;k--;break;
          default: n=0;k--;
          case 2: case 4: n+=2;k--;break;
       }
       printf("%d",n);
    }while(k>0 && n<5);
}
```

程序的输出结果是(   )。

    A. 235   B. 0235   C. 02356   D. 2356

(12) 有以下程序：

```
main()
{
    int n=9;
    while(n>6) {n--; printf("%d",n);}
}
```

程序的输出结果是(   )。

    A. 987   B. 876   C. 8765   D. 9876

(13) 有以下程序：

```
main()
{
    int x=0,y=0,i;
    for (i=1;;++i)
    {
        if (i%2==0) {x++; continue;}
        if (i%5==0) {y++;break;}
    }
    printf (" %d,%d",x,y);
}
```

程序的输出结果是(   )。

    A. 2,1   B. 2,2   C. 2,5   D. 5,2

(14) 有以下程序：

```
#include <stdio.h>
```

```
main()
{
    int x=8;
    for(;x>0;x--)
    {
        if(x%3) {printf("%d,",x--);continue;}
        printf("%d,",--x);
    }
}
```

程序的运行结果是(　　)。

      A. 7,4,2,　　　　　B. 8,7,5,2,　　　　　C. 9,7,6,4,　　　　　D. 8,5,4,2,

(15) 以下不构成无限循环的语句或语句组是(　　)。

      A. n＝0；do{＋＋n;} while(n＜＝0);

      B. n＝0；while(1) {n＋＋;}

      C. n＝10；while(n)；{n－－;}

      D. for(n＝0,i＝1; ;i＋＋) n＋＝i;

(16) 下列程序段中,while 循环(　　)。

```
int k=0;
while(k=1) ++k;
```

      A. 执行无限次　　　B. 语法错误　　　C. 一次也不执行　　　D. 执行一次

(17) 在 C 语言的循环语句 for、while、do…while 语句中,用于直接中断最内层循环的语句是(　　)。

      A. switch　　　　　B. continue　　　　　C. break　　　　　D. if

(18) 以下循环体的执行次数是(　　)。

```
main()
{
    int i,j;
    for(i=0,j=1;i<=j+1;i+=2,j--)
        printf("%d \n",i);
}
```

      A. 3　　　　　　　B. 2　　　　　　　C. 1　　　　　　　D. 0

(19) 以下程序的输出结果是(　　)。

```
main()
{
    int num=0;
    while (num<=2)
    {
        num++;
        printf("%3d",num);
```

```
        }
    }
```
  A. 1   B. 2 2   C. 1 2 3   D. 1 2 3 4

(20) 以下程序运行后 sum 的值是( )。

```
main()
{
    int i, sum=0;
    for(i=1;i<6;i++)
        sum+=i;
    printf("%d\n",sum);
}
```
  A. 15   B. 14   C. 不确定   D. 0

二、填空题

(1) 以下程序的输出结果是_____。

```
main()
{
    int i;
    for(i=1;i+1;i++)
    {
        if(i>4)
        { printf("%d\n",i);
            break;
        }
        printf("%d\n",i++);
    }
}
```

(2) 有以下程序段,且变量已正确定义和赋值:

```
for(s=1.0,k=1;k<=n;k++)
    s=s+1.0/(k*(k+1));
printf("s=%f\n\n",s);
```

请填空,使下面程序段的功能与上面程序段完全相同。

```
s=1.0; k=1;
while(_____)
{   s=s+1.0/(k*(k+1));_____;}
printf("s=%f\n\n",s);
```

(3) 以下程序的输出结果是_____。

```
#include <stdio.h>
main()
{ int i;
  for(i='a';i<'f';i++,i++)
      printf("%c",i-'a'+'A');
  printf("\n");
}
```

（4）若有定义："int k;"，以下程序段的输出结果是_____。

```
for(k=2;k<6;k++,k++)
    printf("##%d",k);
```

（5）以下程序的输出结果是_____。

```
#include "stdio.h"
main()
{ int sum=10,n=1;
  while(n<3)
  {  sum=sum-n;n++; }
    printf("%d,%d",n,sum);
}
```

测试 6

集合数据与数组

一、选择题

(1) 已知 int a[10];,则对 a 数组元素的正确引用是(　　)。

    A. a[10]　　　　　　B. a[3.5]　　　　　　C. a(5)　　　　　　　D. a[0]

(2) 以下定义语句错误的是(　　)。

    A. int x[][3]={{0},{1},{1,2,3}};

    B. int x[4][3]={{1,2,3},{1,2,3},{1,2,3},{1,2,3}};

    C. int x[4][]={{1,2,3},{1,2,3},{1,2,3},{1,2,3}};

    D. int x[][3]={1,2,3,4};

(3) 有定义语句 char s[10];,若要从终端给 s 输入 5 个字符,错误的输入语句是(　　)。

    A. gets(&s[0]);　　　　　　　　　　　B. scanf("%s",s+1);

    C. gets(s);　　　　　　　　　　　　　D. scanf("%s",s[1]);

(4) 以下能正确定义一维数组的选项是(　　)。

    A. int a[5]={0,1,2,3,4,5};

    B. char a[]={'0', '1', '2', '3', '4', '5', '\0'};

    C. char a={'A','B','C'};

    D. int a[5]="0123";

(5) 有以下程序:

```c
#include <string.h>
main()
{
    char p[]={'a', 'b', 'c'},q[10]={ 'a', 'b', 'c'};
    printf("%d,%d\n",strlen(p),strlen(q));
}
```

以下叙述中正确的是(　　)。

    A. 在给 p 和 q 数组置初值时,系统会自动添加字符串结束符,故输出的长度都为 3

B. 由于 p 数组中没有字符串结束符,长度不能确定,但 q 数组中字符串长度为 3

C. 由于 q 数组中没有字符串结束符,长度不能确定,但 p 数组中字符串长度为 3

D. 由于 p 和 q 数组中都没有字符串结束符,故长度都不能确定

(6) 以下定义语句不正确的是(　　)。

  A. double x[5]={2.0,4.0,6.0,8.0,10.0};

  B. int y[5]={0,1,3,5,7,9};

  C. char c1[]={'1', '2', '3', '4'};

  D. char c2[]={'\x10', 'xa', '\x8'};

(7) 已知 int a[3][4];,则对数组元素引用正确的是(　　)。

  A. a[2][4]   B. a[1,3]   C. a[2][0]   D. a(2)(1)

(8) 以下程序的输出结果为(　　)。

```
#include "stdio.h"
main()
{   int c[][4]={1,2,3,4,5,6,7,34,213,56,62,3,23,12,34,56};
    printf("%x,%x\n",c[2][2],c[1][1]);
}
```

  A. 3e,6   B. 62,5   C. 56,5   D. 3E,6

(9) 已知 int i=10;若有如下数组说明,a[a[i]]元素的数值是(　　)。

```
int a[12]={1,4,7,10,2,5,8,11,3,6,9,12};
```

  A. 10   B. 9   C. 6   D. 5

(10) 若有定义 int a[2][3];,以下对 a 数组元素引用正确的是(　　)。

  A. a[2][! 1]   B. a[2][3]

  C. a[0][3]   D. a[1>2][! 1]

(11) 已知 char x[]="hello",y[]={'h','e','a','b','e'};,则关于两个数组长度的正确描述是(　　)。

  A. 相同   B. x 的长度大于 y

  C. x 的长度小于 y   D. 以上答案都不对

(12) 若有说明 int a[][3]={{1,2,3},{3,4},{3,4,5}};,则数组 a 的第一维大小是(　　)。

  A. 2   B. 3   C. 4   D. 无确定值

(13) 以下数组定义中错误的是(　　)。

  A. int x[][3]={0};

  B. int x[2][3]={{1,2},{3,4},{5,6}};

  C. int x[][3]={{1,2,3},{4,5,6}};

  D. int x[2][3]={1,2,3,4,5,6};

(14) 以下能对一维数组 a 进行初始化的语句是(　　)。

  A. int a[5]=(0,1,2,3,4,);   B. int a(5)={};

C. int a[3]={0,1,2};　　　　　　　　　　　　　D. int a{5}={10 * 1};

(15) 函数调用 strcat(strcpy(strl,str2),str3)的功能是(　　)。

  A. 将字符串 strl 复制到字符串 str2 中,再连接到字符串 str3 的后面

  B. 将字符串 strl 连接到字符串 str2 的后面,再复制到字符串 str3 中

  C. 将字符串 str2 复制到字符串 strl 中,再将字符串 str3 连接到字符串 strl 的后面

  D. 将字符串 str2 连接到字符串 strl 的后面,再将字符串 strl 复制到字符串 str3 中

(16) 有如下程序段:

```
#include "stdio.h"
main()
{
    int k[30]={12,324,45,6,768,98,21,34,453,456};
    int count=0,i=0;
    while(k[i])
    {
        if(k[i]%2==0||k[i]%5==0)
            count++;
        i++;
    }
    printf("%d,%d\n",count,i);
}
```

程序段的输出结果为(　　)。

  A. 7,8　　　　　　B. 8,8　　　　　　C. 7,10　　　　　　D. 8,10

(17) 设有定义 char s[12]={"string"};,则 printf("%d\n",strlen(s));的输出结果是(　　)。

  A. 6　　　　　　　B. 7　　　　　　　C. 11　　　　　　　D. 12

(18) 若要求从键盘读入含有空格字符的字符串,应使用函数(　　)。

  A. getc　　　　　　B. gets　　　　　　C. getchar　　　　D. scanf

(19) 下列选项中错误的说明语句是(　　)。

  A. char a[]={'t', 'o', 'y', 'o', 'u', '\0'};

  B. char a[]={"toyou\0"};

  C. char a[]="toyou\0";

  D. char a[]='toyou\0';

(20) 以下叙述中错误的是(　　)。

  A. gets 函数用于从终端读入字符串

  B. getchar 函数用于从磁盘文件读入字符

  C. puts 函数用于输出字符串,输出后将自动换行

  D. strcmp 函数用于比较两个字符串的大小,比较结果为 0、正整数或负整数

二、填空题

(1) 在内存中,存储字符串"X"要占用_____个字节,存储字符'X'要占用_____个字节。

(2) 以下程序的功能是输出数组 s 中最大元素的下标,请填空。

```
main()
{  int k,p;
   int s[]={1,-9,7,2,-10,3};
   for(p=0, k=p; p<6; p++)
       if(s[p]>s[k])
             _____;
   printf("%d\n",k);
}
```

(3) 以下程序的输出结果是_____。

```
main()
{
    int a[][3]={9,7,5,3,1,2,4,6,8};
    int i,j,s1=0,s2=0;
    for(i=0;i<3;i++)
        for(j=0;j<3;j++)
        {
            if(i==j) s1=s1+a[i][j];
            if(i+j==2) s2=s2+a[i][j];
        }
    printf("%d %d\n",s1,s2);
}
```

(4) 以下程序的输出结果是_____。

```
#include <stdio.h>
main()
{
    char ch[2][5]={"6937","8254"};
    int i,j,s=0;
    for(i=0;i<2;i++)
        for(j=0;ch[i][j]>'\0';j+=2)
            s=10*s+ch[i][j]-'0';
    printf("%d\n",s);
}
```

(5) 以下程序的输出结果是_____。

```
main()
{
    int i,j,x=0;
    int a[8][8]={0};
    for(i=0;i<3;i++)
        for(j=0;j<3;j++)
            a[i][j]=2*i+j;
    for(i=0;i<8;i++)
        for(j=0;j<8;j++)
            x+=a[i][j];
    printf("%d",x);
}
```

（6）以下程序的输出结果是_____。

```
#include <stdio.h>
main()
{
    int s[12]={1,2,3,4,4,3,2,1,1,1,2,3},c[5]={0},i;
    for(i=0;i<12;i++)
        c[s[i]]++;
    for(i=1;i<5;i++)
        printf("%d",c[i]);
    printf("\n");
}
```

测试 **7**

模块化与函数

一、选择题

(1) 有以下程序:

```
# include <string.h>
main()
{
    char p[]={'a', 'b', 'c'},q[10]={ 'a', 'b', 'c'};
    printf("%c,%s\n", p[0],q);
}
```

程序的输出结果是(   )。

    A. 程序有错误,结果不确定　　　　　　B. abc,abc

    C. a,abc　　　　　　　　　　　　　　　D. a,a

(2) 有以下程序:

```
# include "stdio.h"
int ADD(int x)
{
    return x+x;
}
main()
{
    int m=1,n=2,k=3,sum;
    sum=ADD(m+n) * k;
    printf("sum=%d",sum);
}
```

程序的输出结果是(   )。

    A. sum=18　　　　　B. sum=10　　　　　C. sum=9　　　　　D. sum=25

(3) 有以下程序:

```
# include <stdio.h>
int f(int x)
```

```
    {
        int y;
        if(x==0||x==1) return(3);
        y=x*x-f(x-2);
        return y;
    }
    main()
    {
        int z;
        z=f(3);
        printf("%d\n",z);
    }
```

程序的输出结果是（　　）。

    A. 0　　　　　　　　B. 9　　　　　　　　C. 6　　　　　　　　D. 8

（4）有以下程序：

```
#include <stdio.h>
fun(int x,int y)
{return(x+y);}
main()
{
    int a=1,b=2,c=2,sum;
    sum=fun((a++,b++,a+b),c++);
    printf("%d\n",sum);
}
```

程序的输出结果是（　　）。

    A. 6　　　　　　　　B. 7　　　　　　　　C. 8　　　　　　　　D. 9

（5）若用数组名作为函数调用的实参，则传递给形参的是（　　）。

    A. 数组的首地址　　　　　　　　B. 数组的第一个元素的值

    C. 数组中全部元素的值　　　　　　D. 数组元素的个数

（6）以下说法中正确的是（　　）。

    A. C语言程序总是从第一个定义的函数开始执行

    B. 在C语言程序中，要调用的函数必须在main函数中定义

    C. C语言程序总是从main函数开始执行

    D. C语言程序中的main函数必须放在程序的开始部分

（7）有以下程序：

```
#include <stdio.h>
int f()
{
    static int i=0;
    int s=1;
```

```
        s+=i; i++;
        return s;
    }
    main()
    {
        int i,a=0;
        for(i=0;i<5;i++)
            a+=f();
        printf("%d\n",a);
    }
```

程序的输出结果是( )。

  A. 20   B. 24   C. 25   D. 15

(8) 有以下程序：

```
    int fun(int n)
    {
        if(n==1)
            return 1;
        else
            return(n+fun(n-1));
    }
    main()
    {
        int x;
        scanf("%d",&x);
        x=fun(x);
        printf("%d\n",x);
    }
```

执行程序时,输入 10 赋予变量 x,程序的输出结果是( )。

  A. 55   B. 54   C. 65   D. 45

(9) C 语言中函数返回值的类型是由( )决定的。

  A. 函数定义时指定的类型

  B. return 语句中的表达式类型

  C. 调用该函数时实参的数据类型

  D. 形参的数据类型

(10) 有以下程序：

```
    int k=0;
    void fun(int m)
    {
        m+=k;
        k+=m;
```

```
    printf("m=%d  k=%d  ",m,k++);
}
main()
{
    int i=4;
    fun(i++);
    printf("i=%d  k=%d\n",i,k);
}
```

程序的输出结果是(   )。

    A. m＝4　k＝5　i＝5　k＝5　　　　B. m＝4　k＝4　i＝5　k＝5

    C. m＝4　k＝4　i＝4　k＝5　　　　D. m＝4　k＝5　i＝4　k＝5

(11) 以下对 C 语言函数的描述中正确的是(   )。

    A. 调用函数时只能把实参的值传递给形参,形参的值不能传递给实参

    B. 函数既可以嵌套定义,又可以递归调用

    C. 函数必须有返回值,否则不能定义成函数

    D. 有调用关系的所有函数必须放在同一个源程序文件中

(12) 有以下程序:

```
#include <stdio.h>
int min( int x, int y )
{
    int m;
    if( x>y ) m=x;
    else m=y;
    return(m);
}
main()
{
    int a=3,b=5,abmin ;
    abmin=min(a,b);
    printf("%d", abmin);
}
```

程序的输出结果是(   )。

    A. 4　　　　　　　B. 5　　　　　　　C. 6　　　　　　　D. 7

(13) 有以下程序:

```
#include <stdio.h>
int m=4;
int func(int x,int y)
{
    int m=1;
    return(x * y-m);
```

```
    }
main()
{
    int a=2,b=3;
    printf("%d,",m);
    printf("%d\n",func(a,b)/m);
}
```

程序的输出结果是( )。

    A. 4,1   B. 4,2   C. 5,1   D. 5,2

（14）有以下程序：

```
#include <stdio.h>
int Sub(int a, int b)
{return (a-b);}
main()
{
    int x, y, result=0;
    scanf("%d,%d", &x,&y );
    result=Sub(x,y );
    printf("%d\n",result);
}
```

当从键盘输入"6,3"时，运行结果为( )。

    A. 3   B. 4   C. 5   D. 6

（15）有以下程序：

```
#include "stdio.h"
fun()
{
    static int x=5;
    x++;
    return x;
}
main()
{
    int i,x;
    for(i=0;i<3;i++)
        x=fun();
    printf("%d\n",x);
}
```

程序的输出结果为( )。

    A. 5   B. 6   C. 7   D. 8

（16）以下关于函数调用的说法正确的是( )。

A. 函数调用后必须带回返回值

B. 实际参数和形式参数可以同名

C. 函数间的数据传递不可以使用全局变量

D. 主调函数和被调函数总是在同一个文件里

(17) 若程序中定义了以下函数：

```
float myadd(float a, float b)
{ return a+b; }
```

并将其放在调用语句之后，则在调用之前应对该函数进行声明。以下声明中错误的是（   ）。

A. float myadd(float a,b);
B. float myadd(float b, float a);
C. float myadd(float, float);
D. float myadd(float a, float b);

(18) 若函数调用时的实参为变量，以下关于函数形参和实参的叙述中正确的是（   ）。

A. 函数的实参和其对应的形参共占同一存储单元

B. 形参只在形式上存在，不占用具体存储单元

C. 同名的实参和形参占同一存储单元

D. 函数的形参和实参分别占用不同的存储单元，在调用函数时给形参分配存储单元

(19) 以下叙述中错误的是（   ）。

A. 改变函数形参的值，不会改变对应实参的值

B. 函数可以返回地址值

C. 函数中声明的静态变量，其作用域始于其声明语句，结束于整个文件的末尾

D. 全局变量的作用域从此声明语句开始，到文件结束。

(20) 在 C 语言中，函数的数据类型是指（   ）。

A. 函数返回值的数据类型

B. 函数形参的数据类型

C. 调用该函数时实参的数据类型

D. 任意指定的数据类型

二、填空题

(1) 以下程序的输出结果是_____。

```
float fun(int x,int y)
{return(x+y);}
main()
{
    int a=2,b=5,c=8;
    printf("%3.0f\n",fun((int)fun(a+c,b),a-c));
```

```
}
```

（2）以下程序的输出结果是_____。

```
#include "stdio.h"
main()
{
    char fun(char,int);
    char a='A';
    int b=13;
    a=fun(a,b);
    putchar(a);
}
char fun(char a,int b)
{
    char k;
    k=a+b;
    return k;
}
```

（3）以下程序的输出结果是_____。

```
int fun(int x)
{
    int p;
    if(x==0||x==1) return(3);
    p=x-fun(x-2);
    return p;
}
main()
{
    printf("%d\n",fun(7));
}
```

（4）以下程序的输出结果是_____。

```
fun (int x,int y,int z)
{z=x*x+y*y;}
main ()
{
    int a=31;
    fun (6,3,a);
    printf ("%d", a);
}
```

（5）函数调用语句"f((el,e2),(e3,e4,e5));"中参数的个数是_____。

（6）以下程序的输出结果是_____。

```
void reverse(int a[],int n)
{
    int i,t;
    for(i=0;i<n/2;i++)
    { t=a[i]; a[i]=a[n-1-i];a[n-1-i]=t;}
}
main()
{
    int b[10]={1,2,3,4,5,6,7,8,9,10};
    int i,s=0;
    reverse(b,8);
    for(i=6;i<10;i++)
        s+=b[i];
    printf(" %d\n",s);
}
```

(7) 以下函数 rotate 的功能是：将 a 所指 N 行 N 列的二维数组中的最后一行放到 b 所指二维数组的第 0 列中,把 a 所指二维数组中的第 0 行放到 b 所指二维数组的最后一列中,b 所指二维数组中其他数据不变。请填空使程序完整。

```
#define N 4
void rotade(int a[][N],int b[][N])
{
    int I,j;
    for(I=0;I<N;I++)
    {
        b[I][N-1]=_____;
        _____=a[N-1][I];
    }
}
```

测试 8

地址操作与指针

一、选择题

(1) 若有语句 char * line[5];,以下叙述中正确的是( )。

    A. 定义 line 是一个数组,每个数组元素是一个基类型为 char 的指针变量

    B. 定义 line 是一个指针变量,该变量可以指向一个长度为 5 的字符型数组

    C. 定义 line 是一个指针数组,语句中的 * 称为间址运算符

    D. 定义 line 是一个指向字符型函数的指针

(2) 以下程序段的运行结果是( )。

```
char str[]="ABC", * p=str;
printf("%d\n", * (p+3));
```

    A. 67   B. 0   C. 字符'c'的地址   D. 字符'c'

(3) 以下程序段的运行结果是( )。

```
char * s="abcde";
s+=2;printf("%d",s);
```

    A. cde   B. 字符'c'

    C. 字符'c' 的地址   D. 无确定的输出结果

(4) 设有定义语句 int (* f)(int);,则以下叙述正确的是( )。

    A. f 是基类型为 int 的指针变量

    B. f 是指向函数的指针变量,该函数具有一个 int 类型的形参

    C. f 是指向 int 类型一维数组的指针变量

    D. f 是函数名,该函数的返回值是基类型为 int 类型的地址

(5) 有以下程序:

```
#include <stdio.h>
main()
{
    int a[]={1,2,3,4},y, * p=&a[3];
    --p;
```

```
        y=*p;
        printf("y=%d\n",y);
    }
```

程序的输出结果是(   )。

       A. y=0   B. y=1   C. y=2   D. y=3

(6) 有以下程序：

```
#include <stdio.h>
void ss(char * s,char t)
{
    while(* s)
    {
        if(* s==t)
            * s=t-'a'+'A';
        s++;
    }
}
main()
{
    char str1[100]="abcddfefdbd",c='d';
    ss(str1,c);
    printf("%s\n",str1);
}
```

程序的输出结果是(   )。

       A. ABCDDEFEDBD   B. abcDDfefDbD

       C. abcAAfefAbA   D. Abcddfefdbd

(7) 有以下程序：

```
#include <stdio.h>
#include <string.h>
void fun(char * s[],int n)
{
    char * t;
    int i,j;
    for(i=0;i<n-1;i++)
        for(j=i+1;j<n;j++)
            if(strlen(s[i])>strlen(s[j]))
            {t=s[i];s[i]=s[j];s[j]=t;}
}
main()
{
    char * ss[]={"bcc","bbcc","xy","aaaacc","aabcc"};
    fun(ss,5);
```

```
        printf("%s,%s\n",ss[0],ss[4]);
    }
```

程序的输出结果是(　　)。

  A. xy,aaaacc   B. aaaacc,xy   C. bcc,aabcc   D. aabcc,bcc

(8) 有以下程序:

```
void func(int * a,int b[])
{
    b[0]= * a+6;
}
main()
{
    int a,b[5];
    a=0;
    b[0]=3;
    func(&a,b);
    printf("%d\n",b[0]);
}
```

程序的输出结果是(　　)。

  A. 6   B. 7   C. 8   D. 9

(9) 以下声明不正确的是(　　)。

  A. char a[10]="china";   B. char a[10], * p=a;p="china";

  C. char * a;a="china";   D. char a[10], * p;p=a="china";

(10) 有以下程序:

```
#include <stdio.h>
void fun(char * t,char * s)
{
    while( * t!=0) t++;
    while((* t++= * s++)!=0);
}
main()
{
    char ss[10]="acc",aa[10]="bbxxyy";
    fun(ss,aa);
    printf("%s,%s\n",ss,aa);
}
```

程序的输出结果是(　　)。

  A. accxyy,bbxxyy   B. acc,bbxxyy

  C. accxxyy,bbxxyy   D. accbbxxyy,bbxxyy

(11) 有以下程序:

```
#include <stdio.h>
int a[]={2,4,6,8};
main()
{
    int i;
    int * p=a;
    for(i=0;i<4;i++)
        a[i]= * p;
    printf("%d\n",a[2]);
}
```

程序的输出结果是( )。

    A. 6   B. 8   C. 4   D. 2

(12) 有以下程序：

```
#include <stdio.h>
int fun(int * s, int t, int * k)
{
    int i;
    * k=0;
    for(i=0;i<t;i++)
        if(s[ * k]<s[i])
            * k=i;
    return s[ * k];
}
main()
{
    int a[10]={ 876,675,896,101,301,401,980,431,451,777},k;
    fun(a, 10, &k);
    printf("%d, %d\n",k,a[k]);
}
```

程序的输出结果是( )。

    A. 7,431   B. 6   C. 980   D. 6,980

(13) 有如下程序：

```
int a[10]={1,2,3,4,5,6,7,8,9,10};
int * p=&a[3],b;b=p[5];
```

则 b 的值是( )。

    A. 5   B. 6   C. 9   D. 8

(14) 以下叙述中错误的是( )。

    A. 改变函数形参的值,不会改变对应实参的值

    B. 函数可以返回地址值

C. 可以给指针变量赋一个整数作为地址值

D. 当在程序的开头包含头文件 stdio.h 时，可以给指针变量赋 NULL

(15) 若有定义 char * st= "how are you ";，下列程序段中正确的是（　　）。

  A. char a[11]，* p; strcpy(p＝a+1,&st[4]);

  B. char a[11]; strcpy(++a, st);

  C. char a[11]; strcpy(a, st);

  D. char a[]，* p; strcpy(p＝&a[1],st+2);

(16) 有以下函数：

```
int aaa(char * s)
{
    char * t=s;
    while(* t++);
    t--;
    return(t-s);
}
```

则 aaa 函数的功能是（　　）。

  A. 求字符串 s 的长度　　　　　　　B. 比较两个串的大小

  C. 将串 s 复制到串 t　　　　　　　D. 求字符串 s 所占字节数

(17) 若有说明 int * p,m＝5,n;，则以下正确的程序段是（　　）。

  A. p＝&n;scanf("%d", &p);　　　　B. p＝&n;scanf("%d", * p);

  C. scanf("%d",&n); * p＝n;　　　　D. p＝&n; * p＝m;

(18) 以下正确的程序段是（　　）。

  A. int * p;　　　　　　　　　　　B. int * s, k;
    scanf("%d",p);　　　　　　　　　　* s=100;
    …　　　　　　　　　　　　　　　　…

  C. int * s, k;　　　　　　　　　　D. int * s, k;
    char *p, c;　　　　　　　　　　　char *p, c;
    s=&k;　　　　　　　　　　　　　　s=&k;
    p=&c;　　　　　　　　　　　　　　p=&c;
    * p='a';　　　　　　　　　　　　　s=p;
    …　　　　　　　　　　　　　　　　* s=1;
    　　　　　　　　　　　　　　　　　…

(19) 有以下程序段：

```
char a[]="language", * p;
p=a;
while(* p!='u'){printf("%c", * p-32);p++;}
```

其输出结果是（　　）。

  A. LANGUAGE　　B. language　　　　C. LANG　　　　　D. langUAGE

(20) 有以下语句：

```
int a[10]={0,1,2,3,4,5,6,7,8,9}, * p=a;
```

则对 a 数组元素的引用不正确的是(   )。

  A. a[p-a]   B. * (&a[i])   C. p[i]   D. * (* (a+i))

二、填空题

(1) 以下程序的定义语句中，x[1]的初值是 _____，程序运行后输出的内容是 _____。

```
#include <stdio.h>
main()
{
    int x[]={1,2,3,4,5,6,7,8,9,10,11,12,13,14,15,16}, * p[4],i;
    for(i=0;i<4;i++)
    {
        p[i]=&x[2 * i+1];
        printf("%d",p[i][0]);
    }
    printf("\n");
}
```

(2) 以下程序的输出结果是 _____。

```
#include <stdio.h>
void swap(int * a, int * b)
{
    int * t;
    t=a; a=b; b=t;
}
main()
{
    int i=3,j=5, * p=&i, * q=&j;
    swap(p,q);
    printf("%d   %d\n", * p, * q);
}
```

(3) 以下程序的输出结果是 _____。

```
main()
{
    char s[]="ABCD", * p;
    for(p=s+1; p<s+4; p++)
        printf ("%s\n",p);
}
```

}

（4）函数 fun 的返回值是_____。

```
fun(char * a,char * b)
{
    int num=0,n=0;
    while(*(a+num)!='\0') num++;
    while(b[n]){*(a+num)=b[n];num++;n++;}
    return num;
}
```

（5）以下程序的输出结果是_____。

```
#include <stdio.h>
#define SIZE 12
main()
{
    char s[SIZE];
    int I;
    for(I=0;I<SIZE;I++)
        s[I]='A'+I+32;
    sub(s,7,SIZE-1);
    for(I=0;I<SIZE;I++)
        printf("%c",s[I]);
    printf("\n");
}
sub(char * a,int t1,int t2)
{
    char ch;
    while (t1<t2)
    {
        ch=*(a+t1);
        *(a+t1)=*(a+t2);
        *(a+t2)=ch;
        t1++;t2--;
    }
}
```

（6）以下程序的输出结果是_____。

```
#include <stdio.h>
main()
{
    int a[5]={2,4,6,8,10},* p;
    p=a;
```

```
        p++;
        printf("%d", * p);
}
```

(7) 设有以下定义和语句,则 * (* (p+2)+1)的值为_____。

```
int a[3][2]={10, 20, 30, 40, 50, 60}, (* p)[2];
p=a;
```

复杂数据类型与结构体

一、选择题

(1) 有以下说明语句：

```
typedef struct
{  int n;
   char ch[8];
} PER;
```

则下面的叙述中正确的是(   )。

     A. PER 是结构体变量名

     B. PER 是结构体类型名

     C. typedef struct 是结构体类型

     D. struct 是结构体类型名

(2) 有以下说明语句：

```
struct student
{  int num;
   char name[8];
   float score;
}stu;
```

则下面的叙述不正确的是(   )。

     A. struct 是结构体类型的关键字

     B. struct student 是用户定义的结构体类型

     C. num 和 score 都是结构体成员名

     D. stu 是用户定义的结构体类型名

(3) 有以下说明语句：

```
struct student
{  int age;
   int num;
}stu1, * p;
```

```
p=&stu1;
```

对结构体变量 stu1 中成员 age 的非法引用是(　　　)。

　　　A. stu1.age　　　B. student.age　　　C. p->age　　　D. (*p).age

（4）有以下程序：

```
#include <stdio.h>
struct STU{
    char name[9];
    char sex;
    int score[2];
};
void f(struct STU a[ ])
{
    struct STU b={"Zhao",'m',85,90};
    a[1]=b;
}
main()
{
    struct STU c[2]={{"Qian",'f',95,92},{"Sun",'m',98,99}};
    f(c);
    printf("%s,%c,%d,%d,",c[0].name,c[0].sex,c[0].score[0],c[0].score[1]);
    printf("%s,%c,%d,%d\n",c[1].name,c[1].sex,c[1].score[0],c[1].score[1]);
}
```

程序的输出结果是(　　　)。

　　　A. Zhao,m,85,90,Sun,m,98,99　　　　　B. Zhao,m,85,90,Qian,f,95,92

　　　C. Qian,f,95,92,Sun,m,98,99　　　　　D. Qian,f,95,92,Zhao,m,85,90

（5）以下叙述中错误的是(　　　)。

　　　A. 可以用 typedef 说明新类型名来定义变量

　　　B. typedef 说明的新类型名必须使用大写字母，否则会出现编译错误

　　　C. 用 typedef 可以为基本数据类型说明一个新名称

　　　D. 用 typedef 说明新类型的作用是用一个新的标识符来代表已存在的类型名

（6）以下叙述中错误的是(　　　)。

　　　A. 函数的返回值类型不能使用结构体类型，只能是简单类型

　　　B. 函数可以返回指向结构体变量的指针

　　　C. 可以通过指向结构体变量的指针访问所指结构体变量的任何成员

　　　D. 只要类型相同，结构体变量之间可以整体赋值

（7）有以下程序段：

```
struct MP3
{ char name[20];
    char color;
```

```
    float price;
}std, * ptr;
ptr=&std;
```

若要引用结构体变量 std 中的 color 成员，以下写法中错误的是（　　）。

    A. std. color   B. ptr->color   C. std->color   D. (* ptr). color

（8）有以下程序：

```
#include <stdio.h>
struct stu
{ int num; char name[10]; int age; };
void fun(struct stu * p)
{ printf("%s\n", p->name); }
main()
{   struct stu x[3]={{01,"Zhang", 20}, {02, "Wang", 19}, {03, "Zhao", 18}};
    fun(x +2);
}
```

程序的输出结果是（　　）。

    A. Zhang   B. Zhao   C. Wang   D. 19

（9）有以下程序：

```
#include <stdio.h>
#include <string.h>
typedef struct {
    char name[9];
    char sex;
    int score[2];
}STU;
STU f(STU a)
{
    STU b={"Zhao",'m',85,90};
    int i;
    strcpy(a.name,b.name);
    a.sex=b.sex;
    for(i=0;i<2;i++)
        a.score[i]=b. score[i];
    return a;
}
main()
{
    STU c={"Qian",'f',95,92}, d;
    d=f(c);
    printf("%s,%c,%d,%d,",d.name, d.sex, d.score[0], d.score[1]);
    printf("%s,%c,%d,%d\n",c.name, c.sex, c.score[0], c.score[1]);
```

```
    }
```

程序的输出结果是(   )。

  A. Zhao,m,85,90,Qian,f,95,92   B. Zhao,m,85,90, Zhao,m,85,90

  C. Qian,f,95,92, Qian,f,95,92   D. Qian,f,95,92, Zhao,m,85,90

(10) 有以下程序:

```
#include <stdio.h>
main()
{  struct node {
     int n;
     struct node * next;
   } * p;
   struct node x[3]={{2, x+1},{4, x+2},{6, NULL}};
   p=x;
   printf("%d,",p->n);
   printf("%d\n",p->next->n);
}
```

程序的输出结果是(   )。

  A. 2,3   B. 2,4   C. 3,4   D. 4,6

(11) 设有定义 struct {char mark[12];int num1;double num2;} t1,t2;,若变量均已正确赋初值,则以下语句中错误的是(   )。

  A. t1=t2   B. t2. num1=t1. num1

  C. t2. mark=t1. mark   D. t2. num2=t1. num2

(12) 有以下程序:

```
#include <stdio.h>
struct ord
{ int x,y;}dt[2]={1,2,3,4};
main()
{
    struct ord * p=dt;
    printf("%d,",++ (p->x));
    printf("%d\n",++ (p->y));
}
```

程序的输出结果是(   )。

  A. 1,2   B. 4,1   C. 3,4   D. 2,3

(13) 有以下程序:

```
#include <stdio.h>
struct S
{ int a,b;}data[2]={10,100,20,200};
main()
```

```
{   struct S p=data[1];
    printf("%d\n", (p.a)++);
}
```

程序的输出结果是(　　)。

    A. 10   B. 11   C. 20   D. 21

(14) 有以下语句：

```
typedef struct S
{int g; char h;}T;
```

以下叙述中正确的是(　　)。

    A. 可用 S 定义结构体变量   B. 可用 T 定义结构体变量

    C. S 是 struct 类型的变量   D. T 是 struct S 类型的变量

(15) 有以下定义：

```
struct complex
{ int real,unreal;} data1={1,8},data2;
```

则以下赋值语句中错误的是(　　)。

    A. data2＝data1；   B. data2＝(2,6)；

    C. data2.real＝data1.real；   D. data2.real＝data1.unreal；

(16) 有以下定义和语句：

```
struct workers
{   int num;
    char name[20];
    char c;
    struct{int day; int month; int year;}s;
};
struct workers w, * pw;
pw=&w;
```

能将 1980 赋给 w 中的 year 成员的语句是(　　)。

    A. ＊pw.year＝1980；   B. w.year＝1980；

    C. pw->year＝1980；   D. w.s.year＝1980；

(17) 以下结构体定义语句中错误的是(　　)。

    A. struct ord {int x;int y;int z;}; struct ord a;

    B. struct ord {int x;int y;int z;} struct ord a;

    C. struct ord {int x;int y;int z;} a;

    D. struct {int x;int y;int z;} a;

(18) 有以下程序：

```
#include <stdio.h>
#include <string.h>
```

```
struct A
{ int a; char b[10]; double c;};
struct A f(struct A t);
main()
{
    struct A a={1001,"ZhangDa",1098.0};
    a=f(a);
    printf("%d,%s,%6.1f\n",a.a,a.b,a.c);
}
struct A f(struct A t)
{
    t.a=1002;strcpy(t.b,"ChangRong");t.c=1202.0;return t;
}
```

程序的输出结果是( )。

        A. 1001,ZhangDa,1098.0   B. 1002,ZhangDa,1202.0

        C. 1001,ChangRong,1098.0   D. 1002,ChangRong,1202.0

(19) 有以下说明和定义：

```
union dt
{ int a; char b; double c;}data;
```

以下叙述中错误的是( )。

        A. data 的每个成员起始地址都相同

        B. 变量 data 所占内存字节数与成员 c 所占字节数相等

        C. 程序段 data.a=5;printf("%f\n",data.c);的输出结果为 5.000 000

        D. data 可以作为函数的实参

(20) 以下结构体类型说明和变量定义中正确的是( )。

        A. typedef struct   B. typedef struct

             {int n; char c;}REC;   {int n; char c;};

             REC t1,t2;   REC t1,t2;

        C. typedef struct REC;   D. struct

             {int n=0; char c='A';}t1,t2;   {int n; char c;}REC;

                                            REC t1,t2;

二、填空题

(1) 以下说明语句中，_____是结构体类型名。

```
typedef struct
{ int n;
    char ch[8];
} PER;
```

(2) 有以下定义：

```
struct person
{ int ID;char name[12];}p;
```

请将 scanf("%d",_____);语句补充完整,使其能够为结构体变量 p 的成员 ID 正确读入数据。

(3) 有以下程序：

```
#include <stdio.h>
typedef struct
{ int num;double s}REC;
void fun1( REC x ){x.num=23;x.s=88.5;}
main()
{   REC a={16,90.0 };
    fun1(a);
    printf("%d\n",a.num);
}
```

程序运行后的输出结果是_____。

(4) 以下程序的输出结果为_____。

```
#include <stdio.h>
#include <string.h>
struct A
{int a; char b[10]; double c;};
void f(struct A * t);
main()
{
    struct A a={1001,"ZhangDa",1098.0};
    f(&a);
    printf("%d,%s,%6.1f\n",a.a, a.b, a.c);
}
void f(struct A * t)
{ strcpy(t->b,"ChangRong");}
```

(5) 以下程序把 3 个 NODETYPE 型的变量链接成一个简单的链表,并在 while 循环中输出链表节点数据域中的数据。请填空。

```
#include <stdio.h>
struct node
{int data;struct node * next;};
typedef struct node NODETYPE;
main()
{
    NODETYPE a, b, c, * h, * p;
```

```
    a.data=10;b.data=20; c.data=30; h=&a;
    a.next=&b; b.next=&c; c.next=0;
    p=h;
    while(1)
    {
        printf("%d\n", p->data);
        if(p->next==0)
            break;
        _____
    }
    printf("\n");
}
```

（6）以下程序的输出结果为_____。

```
#include "stdio.h"
struct ty
{   int data;
    char c;
};
main()
{
    struct ty a={30,'x'};
    fun(a);
    printf("%d%c",a.data,a.c);
}
fun(struct ty b)
{   b.data=20;
    b.c='y';
}
```

（7）有如下所示的双链表结构，请根据图示完成结构体的定义。

```
struct aa
{  int data;
    _____}node;
```

（8）设有定义"struct {int a; float b; char c;} abc，* p_abc=&abc;"，则对结构体成员 a 的引用方法可以是 abc.a 和 p_abc_____a。

（9）以下程序的功能是建立一个带有头节点的单向链表，链表节点中的数据通过键盘输入，当输入数据为−1时，表示输入结束（链表头节点的 data 域不存放数据，表空的条件是 ph−>next==NULL），请填空。

```
    #include <stdio.h>
```

```
struct list { int data; struct list * next;};
struct list * creatlist()
{
    struct list * p, * q, * ph;
    int a;
    ph=(struct list *)malloc(sizeof(struct list));
    p=q=ph;
    printf("Input an integer number; enter -1 to end:\n");
    scanf("%d",&a);
    while(a!=-1)
    {   p=(struct list *)malloc(sizeof(struct list));
        _____=a;
        q->next=p;
        _____=p;
        scanf("%d",&a);
    }
    p->next=0;
    return(ph);
}
main()
{struct list * head; head=creatlist();}
```

测试 **10**

泛化编程与预编译

一、选择题

(1) 以下叙述中错误的是（　　）。

    A. 在程序中凡是以♯开始的语句行都是预处理命令行

    B. 预处理命令行的最后不能以分号表示结束

    C. ♯define MAX 是合法的宏定义命令行

    D. C 程序对预处理命令行的处理是在程序执行的过程中进行的

(2) 以下不属于编译预处理的操作是（　　）。

    A. 宏定义　　　　　　B. 条件编译　　　　　　C. 文件运行　　　　　　D. 解除宏定义

(3) 有以下程序：

```
#include <stdio.h>
#define N 5
#define M N+1
#define f(x) (x * M)
main( )
{
    int i1,i2;
    i1=f(2);
    i2=f(1+1);
    printf("%d %d\n",i1,i2);
}
```

程序的输出结果是（　　）。

    A. 12　12　　　　　　B. 11　7　　　　　　C. 11　11　　　　　　D. 12　7

(4) 有以下程序：

```
#include "stdio.h"
#define M(X,Y) (X) * (Y)
#define N(X,Y) (X)/(Y)
main( )
{
```

```
    int a=5,b=6,c=8,k;
    k-N(M(a,b),c);
    printf("%d\n",k);
}
```

程序的输出结果为(　　)。

  A. 3   B. 5   C. 6   D. 8

(5) 有以下程序:

```
#include "stdio.h"
#define M(x,y) x%y
main()
{
    int a,m=12,n=100;
    a=M(n,m);
    printf("%d\n",a--);
}
```

程序的输出结果是(　　)。

  A. 2   B. 3   C. 4   D. 5

(6) 有以下程序:

```
#include <stdio.h>
#define S(x) 4 * (x) * x+1
main()
{
    int k=5,j=2;
    printf("%d\n",S(k+j));
}
```

程序的输出结果是(　　)。

  A. 197   B. 143   C. 33   D. 28

(7) 有以下程序:

```
#include <stdio.h>
#define M 5
#define f(x,y) x * y+M
main()
{
    int k;
    k=f(2,3) * f(2,3);
    printf("%d\n",k);
}
```

程序的运行结果是(　　)。

  A. 22   B. 41   C. 100   D. 121

(8) 有以下程序:

```
#include <stdio.h>
#define S(x) (x) * x * 2
main( )
{
    int k=5, j=2;
    printf("%d,", S(k+j));
    printf("%d\n", S((k-j)));
}
```

程序的输出结果是(   )。

A. 98,18   B. 39,11   C. 39,18   D. 98,11

(9) 有以下程序:

```
#include <stdio.h>
#define SUB(a) (a)-(a)
main( )
{
    int a=2,b=3,c=5,d;
    d=SUB(a+b) * c;
    printf("%d\n",d);
}
```

程序的输出结果是(   )。

A. 0   B. —12   C. —20   D. 10

(10) 有以下程序:

```
#include <stdio.h>
#define f(x) x * x * x
main( )
{
    int a=3,s,t;
    s=f(a+1);
    t=f((a+1));
    printf("%d,%d\n",s,t);
}
```

程序的输出结果是(   )。

A. 10,64   B. 10,10   C. 64,10   D. 64,64

(11) 有以下程序:

```
#include <stdio.h>
#define PT 3.5;
#define S(x) PT * x * x;
main( )
```

```
{
    int a=1,b=2;
    printf("%4.1f\n",S(a+b));
}
```

程序的输出结果是(　　　)。

  A. 14.0   B. 31.5

  C. 7.5   D. 程序有错,无输出结果

（12）以下关于宏的叙述中正确的是(　　　)。

  A. 宏名必须用大写字母表示

  B. 宏定义必须位于源程序中所有语句之前

  C. 宏替换没有数据类型限制

  D. 宏调用比函数调用耗费时间

（13）有以下宏定义：

```
#define N 3
#define Y(n) ((N+1) * n)
```

则执行语句 z＝2 * (N＋Y(5＋1));后,z 的值为(　　　)。

  A. 54   B. 48   C. 24   D. 出错

（14）有以下程序段：

```
#define MCRO(x, y) (x>y) ? (x) : (y)
int a=5,b=3,c;
c=MCRO(a, b) * 2
```

则 c 的值是(　　　)。

  A. 5   B. 3   C. 6   D. 10

（15）有以下程序：

```
#define SWAP(x, y) s=x;x=y;y=s
void main()
{ int a,b,s;
  s=0; scanf("%d,%d",&a,&b);
  if(a>b) SWAP(a,b);
  printf("a=%d,b=%d\n",a,b);
}
```

若输入"1,2",则程序的输出结果为(　　　)。

  A. a＝1,b＝2   B. a＝2,b＝1   C. a＝2,b＝2   D. a＝2,b＝0

（16）有以下程序：

```
#define MA(x) x * (x-1)
main()
{ int a=1,b=2;
```

```
        printf("%d\n",MA(1+a+b));
    }
```

程序的输出结果是(　　)。

      A. 6   B. 8   C. 10   D. 12

(17) 有以下程序:

```
#define N n
main()
{ char a=N;
    printf("%d",a);
}
```

程序的输出结果是(　　)。

      A. n   B. N   C. 语法错误   D. 不确定

(18) 程序中头文件 type1.h 内容如下:

```
#define N 5
#define M1 N * 3
```

程序如下:

```
#include "type1.h"
#define M2 N * 2
main()
{ int i; i=M1+M2;
    printf("%d\n",i);
}
```

程序的输出结果是(　　)。

      A. 10   B. 20   C. 25   D. 30

(19) 若程序中有宏定义 #define N 100,则以下叙述中正确的是(　　)。

      A. 宏定义行中定义了标识符 N 的值为整数 100

      B. 在编译程序对 C 源程序进行预处理时,用 100 替换标识符 N

      C. 对 C 源程序进行编译时,用 100 替换标识符 N

      D. 在运行时,用 100 替换标识符 N

(20) 有以下程序:

```
#include "stdio.h"
#define f(x) (x * x)
void main()
{
    int i1,i2;
    i1=f(8)/f(4);
    i2=f(4+4)/f(2+2);
    printf("%d, %d \n",i1,i2);
```

```
    }
```

其运行结果是(　　)。

      A. 64,28   B. 4,4   C. 4,3   D. 64,64

二、填空题

(1) 以下程序的输出结果是_____。

```
#include <stdio.h>
#define N 3
#define M(n) (N+1) * n
main( )
{
    int x;
    x=2 * (N+M(2));
    printf("%d\n", x);
}
```

(2) 宏替换是由预处理程序完成源程序中字符串名替换宏的操作,此替换又称为_____。

(3) 设有宏定义 #define Y(x) 5 * x,若宏调用为 Y(8＋2),则该表达式的值是_____。

(4) 设有宏定义 #define A(x) 10 * (x) * x＋1,若宏调用为 A(5),则表达式的值是_____。

(5) 以下程序的输出结果是_____。

```
#include <stdio.h>
#include <stdlib.h>
#define A(x,y) x+y * x+y
main( )
{
    int s=A(5,2) * 8;
    printf("%d\n", s);
}
```

(6) 以下程序的输出结果是_____。

```
#include <stdio.h>
#include <stdlib.h>
#define A(x) 8 * (x) * (x+1)+1
main( )
{
    int i=5,j=2;
    printf("%d\n", A(i+j));
```

}

(7) 以下程序的输出结果是_____。

```c
#include <stdio.h>
#include <stdlib.h>
#include <math.h>
#define PI 3.141592
#define V(r) 4.0/3 * PI * r * r * r
#define S(r) 4 * PI * r * r
main( )
{
    float r=1.0,v,s;
    v=V(r),s=S(r);
    printf("v=%f\n", v);
    printf("s=%f\n", s);
}
```

测试 11

数据存储与文件

一、选择题

(1) 下列关于 C 语言文件的叙述中正确的是(　　)。
    A. 文件由一系列数据依次排列组成,只能构成二进制文件
    B. 文件由结构序列组成,可以构成二进制文件或文本文件
    C. 文件由数据序列组成,可以构成二进制文件或文本文件
    D. 文件由字符序列组成,其类型只能是文本文件

(2) 以下叙述中错误的是(　　)。
    A. gets 函数用于从终端读入字符串
    B. getchar 函数用于从磁盘文件读入字符
    C. fputs 函数用于把字符串输出到文件
    D. fwrite 函数用于以二进制形式输出数据到文件

(3) 设 fp 已定义,执行语句 fp＝fopen("file","w");后,以下针对文本文件 file 操作的叙述中正确的是(　　)。
    A. 写操作结束后可以从头开始读　　　　B. 只能写不能读
    C. 可以在原有内容后追加写　　　　　　D. 可以随意读和写

(4) 对于下述程序,在打开方式串分别采用"wt"和"wb"运行时,两次生成的文件 TEST 的长度分别是(　　)。

```c
#include <stdio.h>
void main()
{
    FILE * fp=fopen("d:\\TEST","");
    fputc('A',fp);fputc('\n',fp);
    fputc('B',fp);fputc('\n',fp);
    fputc('C',fp);
    fclose(fp);
}
```

    A. 7B、7B　　　　　　B. 7B、5B　　　　　　C. 5B、7B　　　　　　D. 5B、5B

(5) 有以下程序:

```
#include <stdio.h>
main()
{
    FILE * fp;
    int k,n,a[6]={1,2,3,4,5,6};
    fp=fopen("d2.dat","w");
    fprintf(fp,"%d%d%d\n",a[0],a[1],a[2]);
    fprintf(fp,"%d%d%d\n",a[3],a[4],a[5]);
    fclose(fp);
    fp=fopen("d2.dat","r");
    fscanf(fp,"%d%d",&k,&n);
    printf("%d %d\n",k,n);
    fclose(fp);
}
```

程序的输出结果是(　　)。

      A. 1　2　　　　　　B. 1　4　　　　　C. 123　4　　　　D. 123　456

(6) 已知函数的调用形式为 fread(buf,size,count,fp),参数 buf 的含义是(　　)。

    A. 一个整型变量,代表要读入的数据项总数

    B. 一个文件指针,指向要读的文件

    C. 一个指针,指向要读入数据的存放地址

    D. 一个存储区,存放要读的数据项

(7) 有以下程序:

```
#include <stdio.h>
main()
{
    FILE * fp;
    int i,a[6]={1,2,3,4,5,6};
    fp=fopen("d3.dat","w+b");
    fwrite(a,sizeof(int),6,fp);
    fseek(fp,sizeof(int) * 3,SEEK_SET);
    fread(a,sizeof(int),3,fp);
    fclose(fp);
    for(i=0;i<6;i++)
        printf("%d,",a[i]);
}
```

程序的输出结果是(　　)。

    A. 4,5,6,4,5,6,　　　　　　　　　　B. 1,2,3,4,5,6,

    C. 4,5,6,1,2,3,　　　　　　　　　　D. 6,5,4,3,2,1,

(8) 有以下程序:

```
#include <stdio.h>
```

```
main()
{
    FILE * fp;
    int a[10]={1,2,3},i,n;
    fp=fopen("d1.dat","w");
    for(i=0;i<3;i++)
        fprintf(fp,"%d",a[i]);
    fprintf(fp,"\n");
    fclose(fp);
    fp=fopen("d1.dat","r");
    fscanf(fp,"%d",&n);
    fclose(fp);
    printf("%d\n",n);
}
```

程序的输出结果是(　　)。

    A. 12300   B. 123   C. 1   D. 321

(9)假定当前盘符下有如下两个文本文件:

文件名　a1.txt　a2.txt

内容　　123♯　321♯

有以下程序:

```
#include "stdio.h"
void fc(FILE * p)
{
    char c;
    while((c=fgetc(p))!='#')
        putchar(c);
}
main()
{
    FILE * fp;
    fp=fopen("a1.txt","r");
    fc(fp);
    fclose(fp);
    fp=fopen("a2.txt","r");
    fc(fp);
    fclose(fp);
    putchar('\n');
}
```

程序的输出结果是(　　)。

    A. 123321   B. 123

    C. 321   D. 以上答案都不正确

（10）有以下程序：

```c
#include <stdio.h>
main()
{
    FILE * fp;
    int i=20,j=30,k,n;
    fp=fopen("d1.dat","w");
    fprintf(fp,"%d\n",i);
    fprintf(fp,"%d\n",j);
    fclose(fp);
    fp=fopen("d1.dat","r");
    fscanf(fp,"%d%d",&k,&n);
    printf("%d %d\n",k,n);
    fclose(fp);
}
```

程序的输出结果是(   )。

      A. 20 30   B. 20 50   C. 30 50   D. 30 20

（11）有以下程序：

```c
#include <stdio.h>
main()
{
    FILE * fp;
    int i, a[6]={ 1, 2, 3, 4, 5, 6 };
    fp=fopen("d2.dat", "w+");
    for (i=0; i <6; i++)
        fprintf(fp, "%d\n", a[i]);
    rewind(fp);
    for (i=0; i <6; i++)
        fscanf(fp, "%d\n", &a[5-i]);
    fclose(fp);
    for (i=0; i <6; i++)
        printf("%d", a[i]);
}
```

程序的输出结果是(   )。

      A. 456123   B. 123321   C. 123456   D. 654321

（12）以下函数中不能用于向文件中写入数据的是(   )。

      A. ftell   B. fwrite   C. fputc   D. fprintf

（13）有以下程序：

```c
#include <stdio.h>
main()
```

```
    {
        FILE * fp;
        int k,n,i,a[6]={1,2,3,4,5,6};
        fp=fopen("d2.dat","w");
        for(i=0;i<6;i++)
            fprintf(fp, "%4d",a[i]);
        fclose(fp);
        fp=fopen("d2.dat","r");
        for(i=0;i<3;i++)
            fscanf(fp, "%4d%4d",&k,&n);
        fclose(fp);
        printf("%d,%d\n",k,n);
    }
```

程序的输出结果是(　　)。

  A. 1,2   B. 3,4   C. 5,6   D. 123,456

(14) 有以下程序：

```
#include <stdio.h>
main()
    {
        FILE * fp;
        char str[10];
        fp=fopen("myfile.dat","w");
        fputs("abc",fp);fclose(fp);
        fp=fopen("myfile.dat","a+");
        fprintf(fp,"%d",28);
        rewind(fp);
        fscanf(fp,"%s",str); puts(str);
        fclose(fp);
    }
```

程序的输出结果是(　　)。

  A. abc   B. 28c

  C. abc28   D. 因类型不一致而出错

(15) 有以下程序：

```
#include <stdio.h>
main()
    {
        FILE * f;
        f=fopen("filea.txt","w");
        fprintf(f,"abc");
        fclose(f);
    }
```

若文本文件 filea. txt 中原有内容为 hello,则运行以上程序后,文件 filea. txt 中的内容为(   )。

    A. helloabc   B. abclo   C. abc   D. abchello

(16) 有以下程序:

```
#include <stdio.h>
main()
{
    FILE * pf;
    char * s1="China", * s2="Beijing";
    pf=fopen("abc.dat", "wb+");
    fwrite(s2,7,1,pf);
    rewind(pf);
    fwrite(s1,5,1,pf);
    fclose(pf);
}
```

程序运行后文件 abc. dat 的内容是(   )。

    A. China   B. Chinang   C. ChinaBeijing   D. BeijingChina

(17) 以下程序目的是将终端输入的字符输出到名为 abc. txt 的文件中,直到从终端读入字符 ♯ 时结束,但是程序有错误。

```
#include <stdio.h>
void main()
{
    FILE * fout; char ch;
    fout=fopen('abc.txt','w');
    ch=fgetc(stdin);
    while (ch !='#')
    {
        fputc(ch, fout);
        ch=fgetc(stdin);
    }
    fclose(fout);
}
```

出错的原因是(   )。

    A. 函数 fopen 调用形式错误   B. 输入文件没有关闭

    C. 函数 fgetc 调用形式错误   D. 文件指针 stdin 没有定义

(18) 以下叙述中错误的是(   )。

    A. 二进制文件打开后可以先读文件的末尾,而顺序文件不可以

    B. 在程序结束时,应当用 fclose 函数关闭已打开的文件

    C. 利用 fread 函数从二进制文件中读数据时,可以用数组名给数组中所有元素读入数据

D. 不可以用 FILE 定义指向二进制文件的文件指针

(19) 有以下程序：

```
#include <stdio.h>
void main()
{
    FILE * fp;
    int i, k=0, n=0;
    fp=fopen("d1.dat", "w");
    for (i=1; i<4; i++)
        fprintf(fp, "%d", i);
    fclose(fp);
    fp=fopen("d1.dat", "r");
    fscanf(fp, "%d%d", &k, &n);
    printf("%d %d\n", k, n);
    fclose(fp);
}
```

程序的输出结果是( )。

    A. 1 2   B. 123 0   C. 1 23   D. 0 0

(20) 有以下程序：

```
#include <stdio.h>
void main()
{
    FILE * fp;
    int i, a[4]={ 1, 2, 3, 4 }, b;
    fp=fopen("data.dat", "wb");
    for (i=0; i<4; i++)
        fwrite(&a[i], sizeof(int), 1, fp);
    fclose(fp);
    fp=fopen("data.dat", "rb");
    fseek(fp, -2L * sizeof(int), SEEK_END);
    fread(&b, sizeof(int), 1, fp);
    fclose(fp);
    printf("%d\n", b);
}
```

程序的输出结果为( )。

    A. 1   B. 2   C. 3   D. 4

二、填空题

(1) 以下程序的作用是从文本文件 filea. dat 中逐个读取字符并显示在屏幕上。请填空。

```
#include <stdio.h>
main()
{
    FILE * fp;
    char ch;
    fp=fopen(_____);
    ch=fgetc(fp);
    while(!feof(fp)) { putchar(ch); ch=fgetc(fp); }
    putchar('\n');fclose(fp);
}
```

（2）以下程序的输出结果是_____。

```
#include <stdio.h>
main()
{
    FILE * fp;
    int a[10]={1,2,3,0,0},i;
    fp=fopen("d2.dat","wb");
    fwrite(a,sizeof(int),5,fp);
    fwrite(a,sizeof(int),5,fp);
    fclose(fp);
    fp=fopen("d2.dat","rb");
    fread(a,sizeof(int),10,fp);
    fclose(fp);
    for(i=0;i<10;i++)
        printf("%d,",a[i]);
}
```

（3）设文件 test. txt 中原已写入字符串 Begin，执行以下程序后，文件中的内容为_____。

```
#include <stdio.h>
main()
{
    FILE * fp;
    fp=fopen("test.txt", "w+");
    fputs("test",fp);
    fclose(fp);
}
```

（4）以下程序的输出结果是_____。

```
#include <stdio.h>
main()
{
    FILE * fp;
```

```
int x[6]={1,2,3,4,5,6},i;
fp=fopen("test.dat","wb");
fwrite(x,sizeof(int),3,fp);
rewind(fp);
fread(x,sizeof(int),3,fp);
for(i=0;i<6;i++)
printf("%d",x[i]);
printf("\n");
fclose(fp);
}
```

(5) 以下程序用来统计文件中的字符个数,请填空。

```
#include <stdio.h>
void main()
{
    FILE * fp;
    long num=0L;
    if ((fp=fopen("abc.txt", "r"))==NULL)
    {
        printf("Open error\n");
        return;
    }
    while (_____)
    {
        fgetc(fp);
        num++;
    }
    printf("num=%ld\n", num-1);
    fclose(fp);
}
```

(6) 以下程序的输出结果为_____。

```
#include <stdio.h>
void main()
{
    int i, n;
    FILE * fp;
    if ((fp=fopen("temp", "w+"))==NULL)
    {
        printf("不能建立 temp 文件\n");
        return;
    }
    for (i=1; i<=10; i++)
        fprintf(fp, "%3d", i);
    for (i=0; i<5; i++)
```

```
    {
        fseek(fp, i * 6L, SEEK_SET);
        fscanf(fp, "%d", &n);
        printf("%3d", n);
    }
    printf("\n");
}
```

（7）以下程序的输出结果为_____。

```
#include <stdio.h>
void main()
{
    FILE * fp;
    int a[3]={ 12, 34, 56 }, n, i;
    if ((fp=fopen("C:\\test.dat", "w+"))==NULL)
    {
        printf("不能建立 temp 文件\n");
        return;
    }
    for (i=0; i <3; i++)
        fprintf(fp, "%d", a[i]);
    rewind(fp);
    fseek(fp, 3, 0);
    fscanf(fp, "%3d", &n);
    printf("%d\n", n);
    fclose(fp);
}
```

（8）以下程序运行后文件 abc. dat 中的内容为_____。

```
#include <stdio.h>
void main()
{
    FILE * fp;
    char * str1="first";
    char * str2="second";
    if ((fp=fopen("C:\\abc.dat", "w+"))==NULL)
    {
        printf("不能打开文件\n");
        return;
    }
    fwrite(str2, 6, 2, fp);
    fseek(fp, 0L, SEEK_SET);
    fwrite(str1, 5, 1, fp);
    fclose(fp);
}
```

测试 12

程序设计思想及范例

一、选择题

(1) 对长度为 n 的线性表排序,在最坏情况下,比较次数不是 n(n−1)/2 的排序方法是( )。

    A. 快速排序   B. 冒泡排序   C. 直接插入排序   D. 堆排序

(2) 已知数据表 A 中每个元素距其最终位置不远,为节省时间,应采用的算法是( )。

    A. 堆排序   B. 直接插入排序   C. 快速排序   D. B 和 C

(3) 假设线性表的长度为 n,则在最坏情况下,冒泡排序需要的比较次数为( )。

    A. $\log_2 n$ B. n^2 C. $O(n^{1.5})$ D. n(n−1)/2

(4) 已知二叉树后序遍历序列是 dabec,中序遍历序列是 debac,它的前序遍历序列是( )。

    A. acbed   B. decab   C. deabc   D. cedba

(5) 有如下程序:

```
main()
{
    char ch[2][5]={"6937","8254"},* p[2];
    int i,j,s=0;
    for(i=0;i<2;i++)
        p[i]=ch[i];
    for(i=0;i<2;i++)
        for(j=0;p[i][j]>'\0';j+=2)
            s=10 * s+p[i][j]-'0';
    printf("%d\n",s);
}
```

该程序的输出结果是( )。

    A. 69825   B. 63825   C. 6385   D. 693825

(6) 有以下程序段:

```
char * s="abcde";
```

```
s+=2;printf("%d",s);
```

其输出结果是(　　)。

      A. cde　　　　　　　　　　　　B. 字符 c

      C. 字符 c 的地址　　　　　　　　D. 无确定的输出结果

（7）以下判断中正确的是(　　)。

      A. char * a="china";等价于 char * a;* a="china";

      B. char str[5]={"china"};等价于 char str[]={"china"};

      C. char * s="china";等价于 char * s;s="china";

      D. char c[4]="abc",d[4]="abc";等价于 char c[4]=d[4]="abc";

（8）有以下程序：

```
#include "stdio.h"
#include "string.h"
main()
{
    char a[3][20]={{"china"},{"isa"},{"bigcountry!"}};
    char k[100]={0},* p=k;
    int i;
    for(i=0;i<3;i++)
        {p=strcat(p,a[i]);}
    i=strlen(p);
    printf("%d\n",i);
}
```

程序的输出结果是(　　)。

      A. 18　　　　　　B. 19　　　　　　C. 20　　　　　　D. 21

（9）有以下程序：

```
#include <stdio.h>
void fun(char * a,char * b)
{
    while(* a=='*')
        a++;
    while(* b=* a)
    {b++;a++;}
}
main()
{
    char * s="*****a*b***",t[80];
    fun(s,t);
    puts(t);
}
```

程序的输出结果是(　　)。

A. ****a*b   B. a*b   C. a*b****   D. ab

(10) 有以下程序：

```
#include <string.h>
main()
{
    char p[20]={'a', 'b', 'c', 'd'}, q[]="abc", r[]="abcde";
    strcat(p, r); strcpy(p+strlen(q), q);
    printf("%d\n",strlen(p));
}
```

程序的输出结果是(   )。

A. 9   B. 6   C. 11   D. 7

(11) 有以下程序,当运行时输入 asd af aa z67,则输出为(   )。

```
#include <stdio.h>
#include <string.h>
int fun(char * str)
{
    int i,j=0;
    for(i=0;str[i]!='\0';i++)
        if(str[i]!=' ')
            str[j++]=str[i];
    str[j]='\0';
}
main()
{
    char str[81];
    int n;
    printf("Input a string : ");
    gets(str);
    fun(str);
    printf("%s\n",str);
}
```

A. asdafaaz67   B. asd af aa z67   C. asd   D. z67

(12) 以下程序的输出结果为(   )。

```
#include <stdio.h>
void abc(char * str)
{
    int a,b;
    for(a=b=0;str[a]!='\0';a++)
        if(str[a]!='c')
            str[b++]=str[a];
    str[b]='\0';
```

```
    }
void main()
{
    char str[]="abcdef";
    abc(str);
    printf("str[]=%s",str);
}
```

    A. str[]=abdef   B. str[]=abcdef   C. str[]=a   D. str[]=ab

(13) 以下程序的输出结果是(   )。

```
main()
{
    int a[4][4]={{1,4,3,2},{8,6,5,7},{3,7,2,5},{4,8,6,1}};
    int i,j,k,t;
    for(i=0;i<4;i++)
        for(j=0;j<3;j++)
            for(k=j+1;k<4;k++)
                if(a[j][i]>a[k][i])
                {
                    t=a[j][i];a[j][i]=a[k][i];a[k][i]=t;
                }
    for(i=0;i<4;i++)
        printf("%d, ",a[i][i]);
}
```

    A. 1,6,2,1,   B. 4,7,5,2,   C. 8,7,3,1,   D. 1,6,5,7

二、填空题

(1) 线性表能进行二分查找的前提是该线性表必须是_____的。

(2) 一棵二叉树的中序遍历结果为 DBEAFC,前序遍历结果为 ABDECF,则后序遍历结果为_____。

(3) 请补充函数 proc,它的功能是计算并输出包括 n 在内能被 3 或 7 整除的所有 1～n 的自然数的倒数之和。例如,在主函数中从键盘输入 20 赋值给 n 后,输出为 s=1.030 952。

```
#include <stdio.h>
double proc(int n)
{
    int i;
    double sum=0.0;
    if(n>0&&n<=100)
    {
```

```
        for(i=1; _____ ;i++)
        if(_____)
        sum+=_____;
    }
    return sum;
}
void main()
{
    int n;
    double sum;
    printf("\nInput n:");
    scanf("%d",&n);
    sum=proc(n);
    printf("\n\ns=%f\n",sum);
}
```

(4) 请补充函数 proc，该函数的功能是把从主函数中输入的由数字字符组成的字符串转换成一个无符号长整数，并且逆序输出，结果由函数返回。例如，输入 1234567，结果输出 7654321。

```
#include <stdio.h>
#include <string.h>
unsigned long proc(char * str)
{
    unsigned long t=0;
    int k;
    int i=0;
    i=strlen(str);
    for(_____;i>=0;i--)
    {
        k=_____;
        t=_____;
    }
    return t;
}
void main()
{
    char str[20];
    printf("Enter a string made up of '0' to '9' digital character:\n");
    gets(str);
    printf("The string is :%s\n",str);
    if(strlen(str)>20)
        printf("The string is too long");
    else
        printf("The result:%lu\n",proc(str));
```

```
}
```

(5) 以下程序的功能是计算 1～10 的奇数之和与偶数之和，请填空。

```
#include <stdio.h>
main()
{
    int a,b,c,i;
    a=c=0;
    for(i=0;i<=10;i+=2)
    {
        a+=i;
        _____;
        c+=b;
    }
    printf("偶数之和=%d\n",a);
    printf("奇数之和=%d\n",c-11);
}
```

（6）函数 my_cmp 的功能是比较字符串 s 和 t 的大小，当 s 等于 t 时返回 0，否则返回 s 和 t 的第一个不同字符的 ASCII 码差值，即 s＞t 时返回正值，s＜t 时返回负值。请填空。

```
my_cmp(char * s,char * t)
{   while ( * s== * t)
    {   if ( * s==' \0) return 0;
        ++s; ++t;
    } return _____;
}
```

测试 **13**

面向对象及 C++ 基础

一、选择题

(1) 为了使模块尽可能独立,要求(　　)。

　　A. 模块的内聚程度要尽量高,且各模块间的耦合程度要尽量强

　　B. 模块的内聚程度要尽量高,且各模块间的耦合程度要尽量弱

　　C. 模块的内聚程度要尽量低,且各模块间的耦合程度要尽量弱

　　D. 模块的内聚程度要尽量低,且各模块间的耦合程度要尽量强

(2) 以下不属于对象的基本特点的是(　　)。

　　A. 分类性　　　　B. 多态性　　　　C. 继承性　　　　D. 封装性

(3) 以下不是面向对象思想中的主要特征的是(　　)。

　　A. 多态　　　　B. 继承　　　　C. 封装　　　　D. 垃圾回收

(4) 在结构化程序设计中,模块划分的原则是(　　)。

　　A. 各模块应包括尽量多的功能

　　B. 各模块的规模应尽量大

　　C. 各模块之间的联系应尽量紧密

　　D. 模块内具有高内聚度,模块间具有低耦合度

(5) 以下关于对象概念的描述中错误的是(　　)。

　　A. 对象就是 C 语言中的结构体变量

　　B. 对象代表着正在创建的系统中的一个实体

　　C. 对象是一个状态和操作(或方法)的封装体

　　D. 对象之间的信息传递是通过消息进行的

(6) 所谓数据封装就是将一组数据和与这组数据有关的操作组装在一起,形成一个实体,这个实体也就是(　　)。

　　A. 类　　　　　　B. 对象　　　　　C. 函数体　　　　D. 数据块

(7) 以下不能作为类的成员的是(　　)。

　　A. 自身类对象的指针　　　　　　　　B. 自身类对象

　　C. 自身类对象的引用　　　　　　　　D. 另一个类的对象

(8) 假定 AA 为一个类,a()为该类公有的函数成员,x 为该类的一个对象,则访问 x 对象中函数成员 a()的格式为(　　)。

    A. x. a   B. x. a()   C. x->a   D. (* x). a()

(9) 从原有类定义新类可以实现(　　)。

    A. 信息隐藏   B. 数据封装   C. 继承机制   D. 数据抽象

(10) 以下基类中的成员函数表示纯虚函数的是(　　)。

    A. virtual void tt()＝0

    B. void tt(int)＝0

    C. virtual void tt(int)

    D. virtual void tt(int){}

(11) C++ 类体系中不能被派生类继承的有(　　)。

    A. 常成员函数   B. 构造函数

    C. 虚函数   D. 静态成员函数

(12) 类的构造函数被自动调用执行的情况发生在创建该类的(　　)时。

    A. 成员函数   B. 数据成员   C. 对象   D. 友元函数

(13) 以下有关模板和继承的叙述正确的是(　　)。

    A. 模板和继承都可以派生出一个类系

    B. 从类系的成员看,模板类系的成员比继承类系的成员更稳定

    C. 从动态性能看,继承类系比模板类系具有更多的动态特性

    D. 相同类模板的不同实例一般没有联系,而派生类各种类之间有兄弟、父子等关系

(14) 继承机制的作用是(　　)。

    A. 信息隐藏   B. 数据封装   C. 定义新类   D. 数据抽象

二、填空题

(1) 面向对象的 3 个基本特征是_____。

(2) 如果一个派生类只有唯一的基类,则这样的继承关系称为_____。

测试 14

并行程序设计

一、单选题

(1) 指定代码只能由线程组中的一个线程执行的 OpenMP 编译制导命令是(　　)。

A. master　　　　B. single　　　　C. critical　　　　D. atomic

(2) 下面关于 Load-link 和 Store-conditional 指令的说法中正确的是(　　)。

A. Load-link 和普通的 Load 指令没有差别,只是多核处理器上的特别叫法

B. Store-conditional 指令和普通的 Store 指令没有差别,只是多核处理器上的特别叫法

C. Load-link 和 Store-conditional 指令可以用于实现同步原语

D. Load-link 指令有可能失败

(3) 链路的(　　)是指它传输数据的速度。

A. 带宽　　　　B. 速率　　　　C. 延迟　　　　D. 延迟带宽积

(4) 在并行域中,在一段代码临界区之前只有一个线程进入,使用的关键字是(　　)。

A. critical　　　　B. barrier　　　　C. atomic　　　　D. master

(5) 在 OpenMP 中,用 threadprivate 作用域标记的变量会存储在内存中的(　　)。

A. 栈　　　　B. 堆　　　　C. 线程局部存储　　　　D. DATA 段

(6) Intel 线程档案器为 OpenMP 提供了(　　)功能。

A. 减少并行代码和顺序代码的时间花费

B. 控制线程任务量不均衡

C. 控制并行过载和顺序过载

D. 以上都是

(7) 关于 MPI 的名字前缀 MPI_,以下说法正确的是(　　)。

A. 都没有　　　　B. 都有　　　　C. 可有可无　　　　D. 以上都不是

(8) 在 MPI 中涉及通信子中所有进程的通信函数是(　　)函数。

A. 点对点通信　　　B. 集合通信　　　C. 广播　　　D. 以上都不是

(9) 编写并行程序将待解决问题所需要处理的数据分配给各个核的方法是(　　)。

A. 任务并行　　　B. 任务串行　　　C. 数据并行　　　D. 数据串行

(10)（　　）提供一种基础架构,使地理上分布的计算机大型网络转换成一个分布式内存系统,通常这样的系统是异构的。

  A. 集群   B. 网格

  C. 分布式内存系统   D. 共享内存系统

(11)以下表述中不正确的是(　　)。

  A. 在传统的操作系统中,CPU 调度和分派的基本单位是进程

  B. 在引入线程的操作系统中,把线程作为 CPU 调度和分派的基本单位

  C. 同一进程中线程的切换不会引起进程切换,从而避免了昂贵的系统调用

  D. 由一个进程中的线程切换到另一进程中的线程时,也不会引起进程切换

(12)OpenCL 提供了(　　)两种并行计算方式。

  A. 基于任务和基于数据   B. 基于任务和基于线程

  C. 基于数据和基于线程   D. 基于进程和基于数据

(13)在(　　)中,一个进程必须调用一个发送函数,并且发送函数必须与另一个进程调用的接收函数相匹配。

  A. 消息传递   B. 负载平衡   C. 同步   D. 异步

(14)关于加速比,正确的说法是(　　)。

  A. 在 MIMD 并行计算机上,并行程序的加速比不能随处理器执行核的数量按比例增长

  B. 并行程序的运行时间越短,加速比越高

  C. 确定了运行计算平台及所使用的处理器数量,就可以确定并行程序的加速比

  D. 根据 Amdahl 定理,并行程序的加速比小于参与计算的处理器执行核数量

(15)♯pragma omp for collapse(2)的作用是(　　)。

  A. 合并最内两层循环

  B. 最内层 for 循环用两个线程处理

  C. 合并最外两层循环

  D. 内外两层 for 循环

(16)下面关于并行计算机的访存模型的描述中正确的是(　　)。

  A. NUMA 模型是高速缓存一致的非均匀存储访问模型的简称

  B. 并行计算机访存模型只有 NUMA、COMA 和 NORMA 3 种类型

  C. 多台 PC 通过网线连接形成的机群属于 NORMA 模型

  D. COMA 模型是 Coherent-Only Memory Access 的缩写

(17)下面关于并行计算模型的描述中正确的是(　　)。

  A. 共享存储并行计算模型包括 PRAM 模型和 BSP 模型

  B. 共享存储并行计算模型包括 LogP 模型和 PRAM 模型

  C. 分布式存储并行计算模型包括 PRAM 模型和 BSP 模型

  D. 分布式存储并行计算模型包括 LogP 模型和 BSP 模型

(18)（　　）和 OpenMP 是为共享内存系统的编程而设计的,它们提供访问共享内存

的机制。

      A. MPI   B. CUDA   C. MapReduce   D. Pthread

(19) 在并行域中,指定一个数据操作由原子性操作完成使用(   )关键字。

      A. atomic   B. barrier   C. single   D. master

二、多选题

(1) MPI 可以绑定的语言是(   )。

      A. C 语言   B. C++ 语言

      C. FORTRAN 语言   D. Java 语言

(2) MPI 的消息传递过程分为(   )。

      A. 消息拆卸   B. 消息装配   C. 消息传递   D. 消息分解

(3) 如果进程是执行的主线程,其他线程由主线程启动和停止,那么可以设想进程和它的子线程如下进行,当一个线程开始时,它从进程中(   )出来;当一个线程结束,它(   )到进程中。

      A. 派生   B. 合并   C. 分离   D. 消亡

(4) 对于如何解决串行化方面的难题,以下表述中正确的是(   )。

      A. 少用锁,甚至采用无锁编程

      B. 使用原子操作替代锁

      C. 从设计和算法层面缩小串行化所占的比例

      D. 设计并行指令

(5) 关于函数调用,下列说法中正确的是(   )。

      A. 在 Pthread 并行程序中,不允许 worker 线程执行函数调用

      B. 在 MPI 并行程序中,同一个串行函数可以同时被多个进程分别执行

      C. 在 MPI 并行程序中,如果某个函数的数据运算划分到多个处理器上并行执行,则在参与计算的处理器上都要执行该函数的调用

      D. 在 Pthread 并行程序中,不允许 worker 线程执行线程创建操作

(6) 以下是同一个进程中两个线程的运行代码,其中 atomic_printf 可以看作具有原子性的 printf 语句,在保证顺序一致性的前提下,可能的输出是(   )。

```
//线程 1
atomic_printf("1");
atomic_printf("2");
//线程 2
atomic_printf("3");
atomic_printf("4");
```

      A. 1234   B. 1432   C. 4321   D. 3142

(7) 下面关于英特尔 MKL 多线程的特性的描述中正确的是(   )。

      A. MKL 是线程安全的,可以在多线程中使用

B. MKL 使用 OpenMP 实现多线程

C. MKL 函数内部实现了多线程

D. MKL 函数内部实现了多线程，但 MKL 库不是线程安全的

（8）进程 0 要将消息 M0 发送给进程 1，进程 1 要将消息 M1 发送给进程 0。下列情况中可能出现"死锁"的是（   ）。

    A. 进程 0 先执行 MPI_Send 发送 M0，然后执行 MPI_Recv 接收 M1；进程 1 先执行 MPI_Send 发送 M1，然后执行 MPI_Recv 接收 M0

    B. 进程 0 先执行 MPI_Recv 接收 M1，然后执行 MPI_Send 发送 M0；进程 1 先执行 MPI_Recv 接收 M0，然后执行 MPI_Send 发送 M1

    C. 进程 0 先执行 MPI_ISend 发送 M0，然后执行 MPI_Recv 接收 M1；进程 1 先执行 MPI_Send 发送 M1，然后执行 MPI_Recv 接收 M0

    D. 进程 0 先执行 MPI_IRecv 接收 M1，然后执行 MPI_Send 发送 M0；进程 1 先执行 MPI_Recv 接收 M0，然后执行 MPI_Send 发送 M1

（9）以下（   ）选项有可能使得程序不会按照程序本身的顺序执行。

    A. 编译器的编译优化   B. 处理器的乱序执行

    C. 使用原子操作   D. 使用单核 CPU

（10）以下表述中正确的是（   ）。

    A. 在引入线程的操作系统中，进程之间可以并发执行

    B. 在引入线程的操作系统中，一个进程中的多个线程之间不可以并发执行

    C. 进程是拥有系统资源的一个独立单位，它可以拥有自己的资源

    D. 线程是拥有系统资源的一个独立单位，它可以拥有自己的资源

个体软件开发

一、单选题

(1) 快速原型是利用原型辅助软件开发的一种新思想,它是在研究( )的方法和技术中产生的。

    A. 需求阶段   B. 设计阶段

    C. 测试阶段   D. 软件开发的各个阶段

(2) ( )是为了确保每个开发过程的质量,防止把软件差错传递到下一个过程而进行的工作。

    A. 质量检测   B. 软件容错   C. 软件维护   D. 系统容错

(3) 下列有关软件工程的标准中属于行业标准的是( )。

    A. GB   B. DIN   C. ISO   D. IEEE

(4) 测试的关键问题是( )。

    A. 如何组织对软件的评审   B. 如何验证程序的正确性

    C. 如何采用综合策略   D. 如何选择测试用例

(5) DFD 中的每个加工至少需要( )。

    A. 一个输入流   B. 一个输出流

    C. 一个输入流或输出流   D. 一个输入流和一个输出流

(6) 为了提高模块的独立性,模块之间最好是( )。

    A. 控制耦合   B. 公共耦合   C. 内容耦合   D. 数据耦合

(7) 以下关于 PDL 语言的描述中不正确的是( )。

    A. PDL 描述处理过程怎么做

    B. PDL 描述加工做什么

    C. PDL 也称为伪码

    D. PDL 的外层语法应符合一般程序设计语言常用的语法规则

(8) 详细设计与概要设计衔接的图形工具是( )。

    A. DFD 图   B. 程序图   C. PAD 图   D. SC 图

(9) 下列关于功能性注释不正确的说法是( )。

    A. 功能性注释嵌在源程序中,用于说明程序段或语句的功能以及数据的状态

B. 注释用来说明程序段,需要在每一行都加注释

C. 可使用空行或缩进,以便很容易区分注释和程序

D. 修改程序也应修改注释

(10) 下列关于程序效率的说法中不正确的是(　　)。

　　A. 程序效率是一个性能要求,其目标应该在需求分析时给出

　　B. 提高程序效率的根本途径在于选择良好的设计方法、数据结构与算法

　　C. 程序效率主要指处理机时间和存储器容量两个方面

　　D. 程序的效率与程序的简单性无关

(11) 结构化维护与非结构化维护的主要区别在于(　　)。

　　A. 软件是否结构化　　　　　　　　B. 软件配置是否完整

　　C. 程序的完整性　　　　　　　　　D. 文档的完整性

(12) 软件维护困难的主要原因是(　　)。

　　A. 缺乏费用　　　　　　　　　　　B. 人员少

　　C. 开发方法有缺陷　　　　　　　　D. 得不到用户支持

(13) 可维护性的特性中相互矛盾的是(　　)。

　　A. 可理解性与可测试性　　　　　　B. 效率与可修改性

　　C. 可修改性和可理解性　　　　　　D. 可理解性与可读性

(14) 从目前情况来看,增量模型存在的主要问题是(　　)。

　　A. 用户很难适应这种系统开发方法

　　B. 该方法的成功率很低

　　C. 缺乏丰富而强有力的软件工具和开发环境

　　D. 缺乏应对开发过程中的问题动态变化的机制

(15) 下列文档中与维护人员有关的有(　　)。

　　A. 软件需求说明书　　　　　　　　B. 项目开发计划

　　C. 概要设计说明书　　　　　　　　D. 操作手册

(16) 在屏蔽软件错误的冗余容错技术中,冗余附加件的构成包括(　　)。

　　A. 关键程序和数据的冗余存储和调用

　　B. 为检测或纠正信息在运算或传输中的错误需外加的一部分信息

　　C. 检测、表决、切换、重构、纠错和复算的实现

　　D. 实现错误检测和错误恢复的程序

(17) 表示对象相互行为的模型是(　　)。

　　A. 动态模型　　　B. 功能模型　　　C. 对象模型　　　D. 静态模型

(18) CASE 工具的表示集成是指 CASE 工具提供相同的(　　)。

　　A. 编程环境　　　　　　　　　　　B. 用户界面

　　C. 过程模型　　　　　　　　　　　D. 硬件/操作系统

(19) 提高软件质量和可靠性的技术可分为两大类:其中一类就是避开错误技术,但避开错误技术无法做到完美无缺和绝无错误,这就需要(　　)。

　　A. 消除错误　　　B. 检测错误　　　C. 避开错误　　　D. 容错

(20) 为了提高软件测试的效率,应该(　　　)。

    A. 随机地选取测试数据

    B. 取一切可能的输入数据作为测试数据

    C. 在完成编码以后制定软件的测试计划

    D. 选择发现错误可能性大的数据作为测试数据

二、多选题

(1) 软件质量管理的重要性有(　　　)。

    A. 维护降低成本

    B. 法律上的要求

    C. 市场竞争的需要

    D. 质量标准化的趋势

    E. 软件工程的需要

    F. CMM 过程的一部分

    G. 方便与客户进一步沟通,为后期的实施打好基础

(2) 测试按照形态可以分为(　　　)。

    A. 建构性测试　　　B. 系统测试　　　C. 专项测试　　　D. 单元测试

    E. 组件测试　　　F. 集成测试

(3) 以下属于黑盒测试方法的有(　　　)。

    A. 测试用例覆盖　B. 输入覆盖　　　C. 输出覆盖　　　D. 分支覆盖

    E. 语句覆盖　　　F. 条件覆盖

(4) 编写测试计划的目的是(　　　)。

    A. 使测试工作顺利进行

    B. 使项目参与人员沟通更顺畅

    C. 使测试工作更加系统化

    D. 满足软件工程以及软件过程的需要

    E. 满足软件过程规范化的要求

    F. 控制软件质量

(5) 依存关系有 4 种,分别是(　　　)。

    A. 开始-结束　　　B. 开始-开始　　　C. 结束-开始　　　D. 结束-结束

    E. 开始-实施-结束　F. 结束-审核-开始

(6) 软件质量管理由质量保证和质量控制组成,下面的选项中属于质量控制的是(　　　)。

    A. 测试　　　　　B. 跟踪　　　　　C. 监督　　　　　D. 制定计划

    E. 需求审查　　　F. 程序代码审查

(7) 实施缺陷跟踪的目的是(　　　)。

    A. 防止软件质量无法控制

B. 防止问题无法量化

C. 防止重复问题接连产生

D. 解决问题的知识无法保留

E. 确保缺陷得到解决

F. 使问题形成完整的闭环处理

(8) 使用软件测试工具的目的是(　　　)。

A. 帮助测试寻找问题

B. 协助问题的诊断

C. 节省测试时间

D. 提高缺陷的发现率

E. 更好地控制缺陷,提高软件质量

F. 更好地协助开发人员进行开发

(9) 典型的瀑布模型的 4 个阶段是(　　　)。

A. 分析　　　　　B. 设计　　　　　C. 编码　　　　　D. 测试

E. 需求调研　　　F. 实施

(10) 个人软件过程是一种可用于(　　　)、(　　　)和(　　　)个人软件工作方式的自我改善过程。

A. 控制　　　　　B. 管理　　　　　C. 改进　　　　　D. 高效

E. 充分　　　　　F. 适宜

(11) 软件验收测试的合格通过准则是(　　　)。

A. 软件需求分析说明书中定义的所有功能已全部实现,性能指标全部达到要求

B. 所有测试项没有残余一级、二级和三级错误

C. 立项审批表、需求分析文档、设计文档和编码实现一致

D. 验收测试工件齐全

(12) 软件测试计划评审会需要(　　　)参加。

A. 项目经理　　　　　　　　　　　B. SQA 负责人

C. 配置负责人　　　　　　　　　　D. 测试组

(13) 下列关于 alpha 测试的描述中正确的是(　　　)。

A. alpha 测试需要用户代表参加　　　　B. alpha 测试不需要用户代表参加

C. alpha 测试是系统测试的一种　　　　D. alpha 测试是验收测试的一种

(14) 测试设计员的职责有(　　　)。

A. 制定测试计划　　　　　　　　　B. 设计测试用例

C. 设计测试过程、脚本　　　　　　D. 评估测试活动

(15) 软件实施活动的进入准则是(　　　)已经被基线化。

A. 需求工件　　　　　　　　　　　B. 详细设计工件

C. 构架工件　　　　　　　　　　　D. 项目阶段成果

第3部分

工程案例

案例 **1**

万 年 历

学习程序设计的目的是为了能够进行软件开发,而实际的软件开发与目前的编程练习还有很大的差距。编程练习通常集中于某一个算法、某一种语法结构,而真正的软件开发着眼于整个设计目标的实现。软件工程就是指导软件开发和维护的一门工程学科,它采用工程的原理、概念、技术和方法来开发和维护软件,把经过时间考验而证明正确的管理技术和当前能够得到的最好的技术方法结合起来,以经济地开发出高质量的软件并有效地维护它。

在开发一个实际的软件的过程中,要尽量遵循软件工程的一些基本方法和原则,才能高效地开发出适应性好的软件。本章将通过实际工程案例的设计和分析带领大家掌握软件开发的一些基本原则和方法。

一、设计目的

设计一个万年历程序,实现日历的基本功能。软件可输出公元 1 年开始的任意月份的月历,可输入指定日期查看日历及对应的星期信息等。

二、需求分析

这个案例看似简单,实际上在编制程序之前要考虑方方面面的需求,即这个程序都要实现哪些功能。可以参考实际的日历和曾经见过的电子日历来梳理出这个案例的功能需求。

(1) 获取当前时间。

(2) 日期查询。

(3) 日期调整。

(4) 日历显示。

以上只是根据设计要求初步想到的需求,在开始阶段,这个需求当然是越明确越好。但实际上,需求有可能是动态变化的,可能会加入新的需求或者原有的需求会发生改变,这当然会给软件开发带来一定的困难。不过,这也要求我们在设计的时候尽量遵循设计规范,使软件更具适应性。

三、总体设计

在编制程序即进行详细设计之前,要对软件做总体设计,即把软件拆分成若干个功能

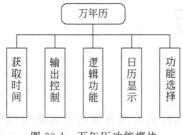

图 30-1 万年历功能模块

模块。这些功能模块要做到各自功能相对独立,耦合在一起之后可以实现软件全部的需求。可将软件分成 5 个模块,如图 30-1 所示。

(1) 获取时间模块。这个模块用来获取系统的当前时间。可以设想,当软件启动时,应该首先显示当前时间和日期,所以这个模块应该在主函数中实现。当然,这个模块也可以封装成一个函数,但为了实现简单,本案例不封装。

(2) 输出控制模块。这个模块用来控制输出显示。我们实现的是一个控制台程序,只能通过 printf 等函数实现排版控制,所以需要在此模块内实现几个自定义的函数,比如定位光标、打印分隔标志等。

(3) 逻辑功能模块。这个模块用于实现软件中的一些基本功能,如判断某一年是否闰年,检查用户输入的日期是否为有效日期等,这些功能都需用函数独立封装起来。

(4) 日历显示模块。这个模块用于生成和显示日历,属于本软件的核心功能。很显然,此模块需要调用输出控制模块的函数才能实现。

(5) 功能选择模块。这个模块提供用户可以选择的功能,比如调整日期、输入查询等。

四、详细设计与实现

1. 文件结构

在进行具体实现时,通常采用自顶向下的设计模式,即从主函数开始设计,然后再具体到每一个模块、每一个函数。在编写主函数之前,首先要考虑的是软件的文件结构。什么是文件结构? 就是程序怎么通过文件组织起来。如果是简单的程序练习,一般只需要一个源文件就可以实现,也就谈不上文件组织的问题。如果是稍大型的程序,代码量达到几百行、几千行甚至上万行,就有必要通过文件对其进行组织了。如果上千行的程序写在一个源文件中,会给调试带来很大的麻烦,当程序员需要对一个问题进行定位的时候就需要上下翻动查找。而如果将程序分成多个文件,例如每一个模块一个文件,程序员就可以很快地定位,同时给该程序的后续拓展带来极大的方便。

C 程序可以包括两种文件:一种用于保存程序的定义,以". c"作为后缀,称为源文件;另一种用于保存程序的声明,以". h"作为后缀,也称为头文件。C 程序的每个模块都可以分别由一个源文件来实现,该文件里包括这个模块中所有功能函数的定义,同时每个源文件都可以配置一个对应的头文件,该文件里包含这个源文件所需的预处理内容以及函数声明。这样,当 A 模块需要调用 B 模块所定义的函数时,只需要在 A 模块的源文件

中引用 B 模块的头文件即可。

1) 头文件结构

头文件由 3 部分内容组成:

(1) 头文件开头处的版权和版本声明。

(2) 预处理内容。

(3) 函数声明。

版权和版本的声明一般位于头文件和源文件的开始处,必须以注释的形式呈现,其主要的内容如下:

(1) 版权信息。

(2) 文件名称、标识符、摘要。

(3) 当前版本号、作者/修改者、完成日期。

(4) 版本历史信息。

下面是一个典型的版权和版本声明示例。

```
/*
 * Copyright (c) xxx公司
 * All rights reserved.
 *
 * 文件名称:filename.h
 * 摘    要:简要描述本文件的内容
 *
 * 当前版本:1.1
 * 作    者:作者(或修改者)名字
 * 完成日期:2017 年 1 月 20 日
 *
 * 取代版本:1.0
 * 原 作 者:原作者(或修改者)名字
 * 完成日期:2016 年 1 月 20 日
 */
```

实际应用中,版权和版本声明可根据需要自行增减,这部分内容实际上也是为了给程序的后继修改者提供方便。

接下来,头文件的真正有效内容包含预处理部分和数据及函数声明,这部分内容有如下几个编制原则:

(1) 为了防止头文件被重复引用,应当用 ifndef/define/endif 结构产生预处理结构。

(2) 用♯include <filename.h> 格式来引用标准库的头文件(编译器将从标准库目录开始搜索)。

(3) 用♯include"filename.h"格式来引用非标准库的头文件(编译器将从用户的工作目录开始搜索)。

(4) 头文件中只存放声明而不存放定义。

上述原则中,(2)和(3)很好理解,即如果引用的是类似于 stdio.h 这样的标准库头文件,就采用尖括号的形式,如果是自定义的头文件,就采用双引号的形式,这样做是为了加快编译的搜索速度。原则(4)的意思是不应该在头文件里具体定义一个变量或是函数,换句话说,头文件里不应该产生真正占用内存的数据和程序,而应该仅仅是声明。下面通过示例解释原则(1)。

```
#ifndef TYPESET_H          //防止 typeset.h 被重复引用
#define TYPESET_H

#include <math.h>          //引用标准库的头文件
…

#include "myheader.h"      //引用非标准库的头文件
…

void Function1(…);         //函数声明
…

#endif
```

原则(1)的最大作用就是防止一个头文件被重复引用,例如 A.c 引用了 B.h 和 C.h,而 B.h 同样引用了 C.h,如果没有防护机制,就会造成 C.h 的重复引用。如示例所示,采用条件编译机制即可防止该问题的出现,这里 TYPESET_H 是该头文件的唯一的标识,当然这个标识的名字是自定义的,约定俗成采用和头文件一样的名字,不过把小写全部替换成大写,点换成下画线。条件编译的作用是:如果该文件在编译器第一次编译时未定义这个唯一的标识,就会定义它,同时编译这个头文件;当编译器再次遇到该头文件时,因为已经定义过该标识,就不会再次编译这个头文件了。这就保证了每个头文件最多只能编译一次。

2) 源文件结构

源文件的内容也包含 3 个部分:

(1) 文件开头处的版权和版本声明。

(2) 头文件引用。

(3) 程序实现(包含定义数据和函数)。

源文件结构的示例如下:

```
//版权和版本声明
#include <stdio.h>
#include "typeset.h"       //引用头文件
…

//全局变量定义
int value;
…

//函数定义
void Function1(…)
{
…
}
```

需要说明的是，在编制程序时有一个原则：不要定义不必要的全局变量。但有时可能产生这样一种情形，即多个模块的函数都需要使用同一个数据，这时采用全局变量可以极大地提高程序的效率。全局变量理论上可以定义在任意一个源文件中，但通常的做法是把所有的全局变量都定义在主函数所在的文件中，当其他模块的文件需要使用该全局变量时，在其源文件中使用 extern 关键字对该全局变量进行声明。

2. 主函数设计

如上所述，主函数应独立为一个模块，可新建一个名为 main.c 的文件编制程序。在该文件中，除了主函数之外，还应该包括所有全局变量的定义。通常情况下，在主函数模块文件中只有一个 main 函数，而 main 函数是不可能被调用的，所以可以不建立与 main.c 相匹配的 main.h 头文件。但是，如果该源文件中需要使用一些必要的宏定义或需要声明某种数据结构，如结构体声明，那么将这些宏定义和声明存放在 main.h 头文件中仍是一个好的做法。

在主函数中，第一步要通过时间函数获取当前系统时间，作为程序的默认时间；第二步则是输出信息并等待用户输入。很显然第二步是需要实现另外几个模块，并调用它们的函数才可以实现。所以，主函数着重实现第一步，即获取当前系统时间的功能，也就是获取时间模块。

获取时间日期需要使用 time.h 中的库函数，并且本例中只需要日期，即年、月、日，是不需要时分秒信息的，所以可单独建立一个日期结构体 Date，并设定实际日期和当前选择日期两个全局变量。

创建头文件 main.h，代码如下：

```
#ifndef MAIN_H
#define MAIN_H
struct Date{
    int iYear;
    int iMonth;
    int iDay;
};
#endif
```

创建主函数文件 main.c，代码如下：

```
#include <stdio.h>
#include <time.h>
#include "main.h"
struct Date stSystemDate, stCurrentDate;
main()
{
    time_t RawTime=0;
    struct tm * pstTargetTime=NULL;
    time(&RawTime);                       //获取当前时间,保存在 RawTime 里
    pstTargetTime=localtime(&RawTime);    //获取当地时间
```

```
        stSystemDate.iYear=pstTargetTime->tm_year +1900;
                                //得到的时间是从 1900 年 1 月 1 日开始的
        stSystemDate.iMonth=pstTargetTime->tm_mon +1;
        stSystemDate.iDay=pstTargetTime->tm_mday;
        stCurrentDate=stSystemDate;
        //此处开始调用其他模块的函数
        return 0;
    }
```

此处简要说明一下与时间相关的几个变量和函数。time_t 实际上是 time.h 中定义的 long 类型的一个别名,也就是说,time_t 实际上就是长整型,这个长整型数据可以用来表示一个日历时间,从历史上的某一个时间点(比如 1970 年 1 月 1 日 0 时 0 分 0 秒)到当前一共有多少秒,这当然是一个很大的整数,所以必须用长整型来表示,而使用 time_t 这个别名只是为了说明它的时间属性。接下来,利用 time 函数就可以获得这个日历时间,该函数接收一个 time_t 指针类型的参数,并将计算出来的日历时间通过这个指针返回。当然,不同的编译器对于这个历史时间点可能有不同的取值,不过我们并不需要知道,只需要获得当前的时间就可以了。而当前的具体时间就是通过 localtime 这个函数获得的。localtime 函数会将通过 time_t 指针传进来的日历时间转换为当地时间,并通过一个结构体指针返回,这个结构体就是 struct tm。这个结构体用于保存日历时间的各个构成部分,各成员的用途及取值范围如下:

int tm_sec;   从当前分钟开始经过的秒数(0～59)

int tm_min;   从当前小时开始经过的分钟数(0～59)

int tm_hour;   从午夜开始经过的小时数(0～23)

int tm_mday;   当月的天数(1～31)

int tm_mon;   从 1 月起经过的月数(0～11)

int tm_year;   从 1900 年起经过的年数

int tm_wday;   从星期天起经过的天数(0～6)

int tm_yday;   从 1 月 1 日起经过的天数(0～365)

int tm_isdst;   夏令时标记

编程时可以根据需要选择结构体成员使用,如本例只使用了其中的年、月、日 3 个成员。

此时,时间获取模块也即主函数文件编制完毕,可以直接编译该程序并通过调试手段验证代码的有效性。

接下来的程序编制可以按照程序的执行流程进行。得到当前的日期后,需要将这个日期所在月份的日历显示出来,即日历显示模块的实现;再进一步考虑,显示日历时需要得到一些信息,比如指定的某一天是星期几,因为日历需要显示星期的功能;再如,需要判定某一年是否闰年,以确定 2 月有多少天。这些都属于逻辑功能模块。此外,在显示日历的过程中,需要对输出进行一定的格式处理,比如移动光标、打印分隔线等,这是输出控制模块的任务。因此,接下来按照输出控制、逻辑功能、日历显示的顺序进行代码的设计实现。

3. 输出控制模块设计

输出控制模块主要用于显示格式处理，最重要的函数是改变光标的位置，从而控制输出内容的显示位置。此外，还可以设计打印空格、打印下画线等函数，使界面更为美观。

GotoXY(int x，int y)函数用于将光标定位至第 y 行第 x 列，函数中需要用到 Windows API 中的定位函数，所以需要引入 windows.h 文件。有一些编译器在包含了 system.h 头文件后，可以直接调用 GotoXY 函数，无须自行设计重写。

PrintSpace 函数用于输出指定数量的空格。PrintUnderline 函数用于输出下画线来作为分隔，下画线的数量可通过宏定义实现。

创建 typeset.c 文件，代码如下：

```c
#include <windows.h>
#include "typeset.h"
/* 定位到第 y 行 第 x 列 */
void GotoXY(int x, int y)
{
    HANDLE hOutput=GetStdHandle(STD_OUTPUT_HANDLE);
    COORD loc;
    loc.X=x;
    loc.Y=y;
    SetConsoleCursorPosition(hOutput, loc);
    return;
}
void PrintSpace(int n)
{
    if (n<0)
    {
        printf("It shouldn't be a negative number!\n");
        return;
    }
    while (n--)
        printf(" ");
}
void PrintUnderline()
{
    int i=LINE_NUM;
    while (i--)
        printf("-");
}
```

创建 typeset.h 头文件，代码如下：

```c
#ifndef TYPESET_H
#define TYPESET_H
#define LINE_NUM 30
```

```
void GotoXY(int x, int y);
void PrintSpace(int n);
void PrintUnderline();
#endif
```

4. 逻辑功能模块设计

本模块实现几个必要的判定及计算函数。创建 fun.c 文件编制这几个函数。

（1）判定某一年是否闰年的函数。若是闰年则返回 1,否则返回 0;若年份为负数,输出提示信息。满足两个条件之一即为闰年:一是能被 4 整除但不能被 100 整除;二是能被 400 整除。函数代码如下:

```
//判断是否为闰年
int IsLeapYear(int iYear)
{
    if (iYear <=0)                                                //检查年份是否大于 0
    {
        printf("The year should be a positive number!\n");
        return -1;
    }
    if((iYear %4==0 && iYear %100) || iYear %400==0)  //依据年份判断是否为闰年
        return 1;
    else
        return 0;
}
```

（2）检查日期是否有效的函数。因为需要检查的是当前选择日期的有效性,所以该函数不需要参数,只要验证之前在 main.c 中定义的全局变量 stCurrentDate 的有效性即可。当日期出现错误时,可直接将当前选择日期重置为系统时间日期 stSystemDate。由于在 fun.c 中需要用到 main.c 中的全局变量,需要在 fun.c 中对该变量进行声明。代码如下:

```
//检查日期有效性
extern struct Date stSystemDate, stCurrentDate;
void CheckDate()
{
    if (stCurrentDate.iYear <=0)
    {
        GotoXY(0, 22);
        printf("The year should be a positive number!\n");
        GotoXY(0, 23);
        printf("Press any key to continue......");
        getch();
        //重置为系统的当前时间
        stCurrentDate=stSystemDate;
    }
```

```
//检查月份是否有效
if (stCurrentDate.iMonth <1 || stCurrentDate.iMonth>12)
{
    GotoXY(0, 22);
    printf("The month(%d) is invalid!\n", stCurrentDate.iMonth);
    GotoXY(0, 23);
    printf("Press any key to continue......");
    getch();
    stCurrentDate=stSystemDate;
}
```

（3）计算指定日期是星期几的函数。这个函数的算法略为复杂。由于公元 1 年 1 月 1 日是星期一，所以可以计算从公元 1 年 1 月 1 日到指定日期一共有多少天，再用这个天数对 7 取余数就得到该日期是星期几。若 iYear 为指定日期的年份，则之前的完整年份数为 iYear−1，将其乘以 365 得到天数，但是我们还需要考虑闰年的问题，即需要将这些年份中的闰年多出的 1 天加上。(iYear−1)/4−(iYear−1)/100＋(iYear−1)/400 即是闰年数，也就是多出的天数。接下来，再将指定日期当年的天数加上即可，这个参数的计算需要将之前月份的天数进行加和。由于月份天数数据在多个模块中都要用到，所以在 main.c 中加入如下全局变量数据定义：

```
int aiMon[13]={ 0, 31, 28, 31, 30, 31, 30, 31, 31, 30, 31, 30, 31 };
```

其中，2 月的天数需要根据是否为闰年进行调整，所以在每次使用该数组之前都应调用判定闰年函数对 2 月的天数进行更新。代码如下：

```
//根据给定日期计算星期函数
extern int aiMon[13];
int GetWeekday(int iYear, int iMonth, int iDay)
{
    int iWeekday=0, i, iSum=0;
    if (IsLeapYear(iYear))                      //是闰年就返回 1,否则返回 0
        aiMon[2]=29;
    else
        aiMon[2]=28;
    for(i=1; i <iMonth; i++)
    {
        iSum+=aiMon[i];
    }
    iSum+=iDay;                                 //该日期到本年 1 月 1 日之前的天数
    iWeekday= ((iYear -1) * 365+(iYear -1) / 4 - (iYear -1) / 100+ (iYear -1) / 400
    +iSum) %7;
    return iWeekday;
}
```

接下来创建 fun.h 头文件，对这几个函数进行声明。代码如下：

```
#ifndef FUN_H
#define FUN_H
int IsLeapYear(int iYear);
void CheckDate();
int GetWeekday(int iYear, int iMonth, int iDay);
#endif
```

5. 日历显示模块

日历显示模块用于输出当前选择日期所在的月份对应的月历，还可以包括其他和信息显示相关的函数。本模块的源文件可命名为 calendar.c。

（1）显示某个日期是星期几的函数。在电子日历中，有必要向用户提示系统日期是哪一天，用户指定显示的日期又是哪一天。所以，可定义一个显示星期几的函数使显示内容更丰富。代码如下：

```
void PrintWeek(struct Date * pstTempDate)
{
    int iDay;
    if (pstTempDate==NULL){              //检查指针是否为空,若为空,退出
        printf("This is a null pointer!");
        return;
    }
    iDay=GetWeekday(pstTempDate->iYear, pstTempDate->iMonth, pstTempDate->
    iDay);
    printf ("% 4d-% 02d-% 02d,", pstTempDate -> iYear, pstTempDate -> iMonth,
    pstTempDate->iDay);
    switch (iDay)
    {
        case 0: printf("Sunday!"); break;
        case 1: printf("Monday!"); break;
        case 2: printf("Tuesday!"); break;
        case 3: printf("Wednesday!"); break;
        case 4: printf("Thursday!"); break;
        case 5: printf("Friday!"); break;
        case 6: printf("Saturday!"); break;
    }
}
```

（2）日历显示函数。此函数中需要注意的问题有两个，一个是要首先计算出当月的第一天是星期几，以便控制 1 号的显示输出位置；另一个是在循环输出过程中，当输出到当前天时，需要对这一天进行着重显示。此外，还需要利用输出控制模块的函数控制输出格式，美化显示效果。代码如下：

```
//日历显示
```

```
extern struct Date stSystemDate, stCurrentDate;
extern int aiMon[13];
void PrintCalendar(int iYear, int iMonth, int iDay)
{
    int iOutputDay=1;                  //输出的日期
    int iError=0;                      //用以标记日期是否有效
    int iDayInLastMon=0;               //本月第一个星期在上月的天数
    int iWeekday=0;
    int iRow=4;
    char acMon[13][10]={ "\0", "January", "February", "March", "April", "May",
    "June","July", "Aguest", "September", "October", "November", "December" };
    if (IsLeapYear(iYear))             //是闰年就返回1,否则返回0
        aiMon[2]=29;
    else
        aiMon[2]=28;
    if (iDay >aiMon[iMonth])
    {
        printf("This month(%s) has at most %d days \n", acMon[iMonth], aiMon
        [iMonth]);
        iError=1;
    }
    if (iDay <=0)
    {
        printf("The date should be a positive number\n");
        iError=1;
    }
    if (iError)                        //如果日期无效,重置为系统当前的日期
    {
        printf("Press any key to continue......\n");
        getch();
        iYear=stSystemDate.iYear;
        iMonth=stSystemDate.iMonth;
        iDay=stSystemDate.iDay;
        stCurrentDate=stSystemDate;
        if (IsLeapYear(iYear))         //此时由于日期变化了,需要再次修改2月最大天数
            aiMon[2]=29;
        else
            aiMon[2]=28;
    }
    //获取给定月份1日是星期几
    iWeekday=iDayInLastMon=GetWeekday(iYear, iMonth, 1);
    system("CLS");
    GotoXY(LAYOUT, 0);
```

```
printf("  The Calendar of %d", iYear);
GotoXY(LAYOUT+11, 1);
printf("%s", acMon[iMonth]);
GotoXY(LAYOUT, 2);
PrintUnderline();
GotoXY(LAYOUT, 3);
printf(" Sun Mon Tue Wed Thu Fri Sat");
//不输出在本月第一星期中但不属于本月的日期,每个日期占用 4 个空格
GotoXY(LAYOUT, 4);
PrintSpace(iDayInLastMon * 4);
while (iOutputDay <=aiMon[iMonth])
                  //所要输出的天数超过所属月最大天数时退出循环,表示已输出整个月的月历
{
    if (iOutputDay==iDay)
    {
        if (iDay <10)                  //只有一位的数与两位数处理不同
            printf(" (%d)", iOutputDay);
        else
            printf("(%2d)", iOutputDay);
    }
    else
        printf("%4d", iOutputDay);
    if (iWeekday==6)                  //输出到星期六的日期后换行
        GotoXY(LAYOUT,++iRow);
    iWeekday=iWeekday >5?0 : iWeekday+1;
            //如果是星期六,则变为星期日,否则加 1 即可,注意星期日是每个星期的第一天
    iOutputDay++;
}
GotoXY(LAYOUT, 10);
PrintUnderline();
GotoXY(LAYOUT+2, 11);
printf("The day you choose is :");
GotoXY(LAYOUT+2, 13);
PrintWeek(&stCurrentDate);
GotoXY(LAYOUT, 14);
PrintUnderline();
GotoXY(LAYOUT+2, 15);
printf("Today is:\n");
GotoXY(LAYOUT+2, 17);
PrintWeek(&stSystemDate);
GotoXY(LAYOUT, 18);
PrintUnderline();
GotoXY(0, 20);
```

```
    }
```

代码中,system("CLS")表示清屏,此函数需引入 windows.h 头文件。LAYOUT 为符号常量,表示显示的列位移,可在本模块的对应头文件中定义,代码如下:

```
#ifndef CALENDAR_H
#define CALENDAR_H
#include "main.h"
#define LAYOUT 5
void PrintWeek(struct Date * pstTempDate);
void PrintCalendar(int iYear,int iMonth,int iDay);
#endif
```

接下来,在主函数模块中引入 calandar.h,并调用 PrintCalendar 函数,即可完成当前系统日期的显示。代码如下:

```
//此处开始调用其他模块的函数
PrintCalendar(stCurrentDate.iYear, stCurrentDate.iMonth, stCurrentDate.iDay);
```

经过编译运行后,可以看到显示结果,如图 30-2 所示。

6. 功能选择模块

功能选择模块是软件的最后一个模块,也是非常重要的一个模块。通常一个软件要包含多种功能,对于控制台程序而言,这些功能需要通过按键选择。程序会在一个循环中获取按键键值,然后根据键值选择执行不同的功能分支。所以,在进行具体设计之前,需要采用文档或表格等形式规范不同的按键及其对应的功能(表 30-1)。

图 30-2　万年历程序运行结果

表 30-1　按键功能说明表格示例

按　键	功能说明
左右方向键	控制日的增减
上下方向键	控制月的增减
I/i 键	查询日期
R/r 键	重置日期
Q/q 键	退出程序

获取方向键键值与普通键稍有区别,因为此类功能键包含两个字节的键值码,其中第一个码均为−32,所以可通过获得的第一个键值字节是否为−32 判定其是否为功能键,如果为功能键,再通过第二个键值码判定为具体哪一个键。键值码可在头文件中通过宏定义给出。

创建 key.c 文件，代码如下

```c
#include "calendar.h"
#include "fun.h"
#include "key.h"
#include <windows.h>
extern struct Date stSystemDate, stCurrentDate;
extern int aiMon[13];
void GetKey()
{
    char cKey='\0', c='\0';
    while (1)
    {
        PrintCalendar(stCurrentDate.iYear, stCurrentDate.iMonth, stCurrentDate.iDay);
        cKey=getch();
        if (cKey==-32)
        {
            cKey=getch();
            switch (cKey)
            {
            case UP:
                {
                    if(stCurrentDate.iMonth<12)
                        stCurrentDate.iMonth++;
                    else
                    {
                        stCurrentDate.iYear++;
                        stCurrentDate.iMonth=1;
                    }
                    break;
                }
            case DOWN:
                {
                    if (stCurrentDate.iMonth >1)
                        stCurrentDate.iMonth--;
                    else
                    {
                        stCurrentDate.iYear--;
                        stCurrentDate.iMonth=12;
                    }
                    break;
                }
```

```
    case LEFT:
    {
        if (stCurrentDate.iDay>1)
            stCurrentDate.iDay--;
        else
        {
            //若当前日期为1月1日,减1天后则变为上一年的12月31日
            if (stCurrentDate.iMonth==1)
            {
                stCurrentDate.iYear--;
                stCurrentDate.iMonth=12;
                stCurrentDate.iDay=31;
            }
            else
            {
                stCurrentDate.iMonth--;
                stCurrentDate.iDay=31;
            }
        }
        break;
    }
    case RIGHT:
    {
        if (stCurrentDate.iDay<aiMon[stCurrentDate.iMonth])
            stCurrentDate.iDay++;
        else
        {
            //若当前日期为12月31日,加1天后则变成下一年的1月1日
            if(stCurrentDate.iMonth==12)
            {
                stCurrentDate.iYear++;
                stCurrentDate.iMonth=1;
                stCurrentDate.iDay=1;
            }
            else
            {
                stCurrentDate.iMonth++;
                stCurrentDate.iDay=1;
            }
        }
        break;
    }
```

```
            }
        }
        else
        {
            if (cKey=='I' || cKey=='i')
            {
                printf ("Input date(%d-%02d-%02d ,eg)\n", stSystemDate.iYear,
                    stSystemDate.iMonth, stSystemDate.iDay);
                scanf ("%d-%d-%d", &stCurrentDate. iYear, &stCurrentDate.
                    iMonth, &stCurrentDate.iDay);
                CheckDate();
                getchar();
            }
            if (cKey=='R' || cKey=='r')
            {
                stCurrentDate=stSystemDate;
            }
            if (cKey=='Q' || cKey=='q')
            {
                printf("Do you really want to quit? <Y/N>");
                c=getchar();
                if (c=='Y' || c=='y')
                    break;
            }
        }
    }
}
```

创建对应的 key.h 头文件,给出各方向键的键码宏定义,代码如下:

```
#ifndef KEY_H
#define KEY_H
#define UP 0x48
#define DOWN 0x50
#define LEFT 0x4b
#define RIGHT 0x4d
void GetKey();
#endif
```

接下来在主函数模块中引用 key.h,用 GetKey 函数替换之前的 PrintCalendar 函数即可。编译运行之后可以测试各功能效果。

例如,输入 I 后,输入要查询的日期,结果如图 30-3 所示。

图 30-3　万年历查询

五、系统测试

虽然至此已经完成了万年历软件的代码编写工作,软件也可以正常地编译运行,但是并不能保证这个程序毫无问题。因此,有必要对程序进行系统测试。最常见的测试方式是遍历程序的每一条功能路径并设置合适的测试用例,看是否可以得到预期的结果。测试用例应尽量包含一些特殊的边界,以测试程序的适应性。表 30-2 是一个简易的测试用例表。

表 30-2　万年历软件测试用例表

序号	测试项	条 件	操　作	预 期 结 果	测试结果
1	查询日期	输入 I 或 i	输入查询日期(2017-2-29)	错误提示"This month(February) has at most 28 days"	
2	无效按键	无	输入 A	无变化	
3	修改日期	无	按左右方向键	日期正常跳转	

在进行修改日期的测试时,我们会发现,如果持续按左方向键跳到上一个月,有时会出现错误提示。经检查代码,发现在修改日期时编写了如下代码:

```
stCurrentDate.iMonth--;
stCurrentDate.iDay=31;
```

也就是只要跳到上一个月,默认的天数就是 31,很显然不是每个月都有 31 天,这就造成了程序的错误提示。虽然有提示,但这是一个完全可以解决的缺陷,做如下修正:

```
stCurrentDate.iMonth--;
stCurrentDate.iDay=aiMon[stCurrentDate.iMonth];
```

问题就解决了。

六、系统总结

通过对万年历程序的编制,读者应熟悉有关日期、按键等信息的处理方式,提高 C 语言的编程能力。更为重要的是,通过软件工程的方法进行程序编写训练,可以有效地提高对软件的理解。实际上,本案例是非常简单的程序,真正的工程要远比此复杂,但工程设计思想都是一致的。

在本案例中,最重要的思想就是分模块实现。最后来体会一下分模块实现的好处。假设用户对这个万年历软件提出了新的需求,要求增加一个新的功能,即用户输入某一年的年份,显示全年的日历。我们发现,基于当前的结构,这个功能的加入并不会对原来的程序造成太大的修改。只需要在功能选择模块的 GetKey 函数中为这个新功能加入一个分支,然后在日历显示模块中编制一个新的显示全年日历的函数即可。这个拓展功能请读者自行完成。

案例 **2**

通 讯 录

一、设计目的

本案例将设计一个通讯录程序,实现通讯录信息的录入、添加、删除、显示等功能。使用结构体存储通讯录的记录信息,使用链表实现通讯录信息的增删及查询显示,使用文件存储通讯录。

二、需求分析

根据设计的要求,可将通讯录程序的需求做进一步的细化和梳理。

(1) 实现对通讯录信息的添加、删除、查找、显示,从任意一个功能模块均可退出程序,功能选择通过按键实现。

(2) 使用结构体存储通讯录的记录信息。

(3) 使用链表实现通讯录的增删查等操作。

(4) 使用文件存储通讯录,并可通过文件读取记录。

在程序的开发过程中,根据需要也可以对需求分析列表做适当的修正。

三、总体设计

接下来对软件做总体设计,即把软件拆分成若干个功能模块。这些功能模块要做到各自功能相对独立,耦合在一起可以实现软件全部的需求。可根据设计需求将软件分成4 个模块,如图 31-1 所示。

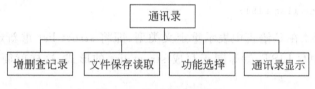

图 31-1 通讯录功能模块

（1）增删查记录模块。这个模块用于执行一个通讯记录的创建、增加、删除、查询操作。每一种功能都应封装为一个函数，函数的参数应为通讯录的结构体链表头指针，以便在函数内对通讯录链表进行操作。

（2）文件保存读取模块。这个模块的功能是在每次程序开始运行时自动读取文件内容并生成链表，并在每次对通讯录修改后保存至文件。可以通过一个读取函数和一个保存函数完成这个功能。

（3）功能选择模块。这个模块用于在主菜单中为用户提供不同的功能操作，可以封装成一个函数，也可以直接在主函数中实现。

（4）通讯录显示模块。这个模块用于将通讯录所有节点信息完整地显示在屏幕上，用一个显示函数封装即可。

四、详细设计与实现

1. 文件结构

案例一中介绍了如何针对一个程序进行文件的结构组织，对于本案例而言，功能模块较少，但同样需要进行文件结构组织，为程序的后续修改、移植、扩充提供方便。根据总体设计中的模块划分，可采用每个模块一个源文件的方式进行组织。

增删查记录模块的源文件名为 data.c，文件保存读取模块的源文件名为 file.c，通讯录显示模块的源文件名为 display.c，功能选择模块在主函数中实现，存放在 main.c 中。前 3 个源文件均有对应的头文件，写法参见案例一的介绍。

2. 数据结构设计

通讯录的每条记录都是一个单元，包括各类信息，如姓名、电话、性别等，数据类型不相同，且本例需要用链表形式组织信息，显然应该用结构体的方式来存储。结构体定义如下：

```
struct list
{
    char name[20];              //姓名
    char tele[20];              //电话
    char gender[10];            //性别
    char address[30];           //地址
    struct list * next;         //链表节点
};
typedef struct list LIST;
```

此处的 typedef 在 C 语言中表示重定义类型，即将 struct list 重新定义成 LIST。这样在后面的程序中写 LIST，就等同于写成 struct list 的形式，这样就简化了结构体变量声明的写法。

因为此结构为各个模块所公用，所以可单独建立一个名为 main.h 的头文件，将这个结构体声明在该头文件内，代码如下。

```
#ifndef MAIN_H
#define MAIN_H
struct list
{
    char name[20];                  //姓名
    char tele[20];                  //电话
    char gender[10];                //性别
    char address[30];               //地址
    struct list * next;             //链表节点
};
typedef struct list LIST;
#endif
```

3. 功能选择模块/主函数设计

对于模块化程序设计而言,各个模块的功能都放到各自的模块中去实现。主函数因为是函数的入口,所以应该实现主菜单的显示,并根据用户的输入调用对应的模块功能函数即可。

由于用户每选择一个功能并在操作完成之后都有可能回到主菜单,所以可将主菜单的显示封装为一个函数以方便调用,代码如下:

```
void displaymenu()
{
    system("CLS");
    printf("------------MENU------------\n");
    printf("1.添加通讯录记录\n");
    printf("2.查找通讯录记录\n");
    printf("3.删除通讯录记录\n");
    printf("4.显示通讯录记录\n");
    printf("5.退出程序\n");
    printf("------------MENU------------\n\n");
}
```

在主函数中,可首先显示主菜单,然后反复获取用户的输入,根据用户输入调用相应的功能函数。在自顶向下的模块化设计模式中,功能函数可留空或用注释代替,先确定主函数的框架,接下来再具体编制每一个功能模块的函数。代码如下:

```
main()
{
    int select;
    //此处调用文件读取函数,形成通讯录链表
    while(1)
    {
        displaymenu();
        printf("请选择一个功能: ");
        scanf("%d",&select);
        switch(select)
```

```
        {
            case 1:
                //添加通讯录记录函数
                //保存文件函数
                break;
            case 2:
                //查找通讯录记录函数
                break;
            case 3:
                //删除通讯录记录函数
                //保存文件函数
                break;
            case 4:
                //显示通讯录记录函数
                break;
            case 5:
                //退出系统
                return;
            default:
                printf("输入错误,请重新选择。\n");
                break;
        }
        printf("请按任意键继续...\n");
        getchar();
    }
}
```

此时,整个主函数的框架是确定的,并且程序结构是完整的。所以,可以直接对程序进行编译、运行及调试,测试目前的程序是否正常。当然,这里大多数具体的功能都没有实现,但并不影响程序的运行和测试。在大型程序设计的过程中,每完成一个模块,就针对这个模块进行测试是十分有效的做法,这样可以提前发现一些错误,为最终的测试扫除障碍。

针对当前程序进行编译执行,可显示图 31-2 所示的结果。输入 5 后,程序退出正常。

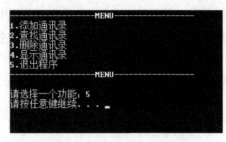

图 31-2　通讯录主菜单显示

4. 增删查记录模块设计

通讯录记录的增加、删除、查询都属于对结构体链表进行的标准操作,所以它们自然归类到同一个模块中。编制具体的函数时,应考虑每个函数要执行的功能以及输入和输出分别是什么。本模块的 3 个函数可分别设定如下:

(1) add 函数——添加通讯录记录函数。

add 函数为一个新的记录结构体分配内存,将用户输入的记录数据存储到结构体中,而后建立新的链表节点,并链接至链表中。

(2) delete 函数——删除通讯录记录函数。

delete 函数要根据用户输入的通讯录中的人名,在已有的链表中查找该人名信息存放的节点。如找到该节点则删除之,并重新链接链表结构;如果未找到则提示用户不存在。为增加函数的通用性,可将链表表头指针和要删除的人名字符数组设置为函数的参数。

(3) search 函数——查找通讯录记录函数。

search 函数用来查找用户输入的人名是否存在,如果存在则返回该链表节点的指针,如果不存在则提示用户。同样,链表表头指针和要查找的人名字符数组可作为函数参数。

data.c 的代码如下:

```c
#include <stdio.h>
#include "main.h"
void add(LIST * head)
{
    LIST * p;
    p=(LIST *)malloc(sizeof(LIST));
    printf("请输入:姓名 性别 电话 地址:\n");
    scanf("%s%s%s%s",p->name,p->gender,p->tele,p->address);
    p->next=head->next;
    head->next=p;
}
void delete(LIST * head, char name[])
{
    LIST * p, * q;
    q=head;
    p=head->next;
    while(p!=NULL)
    {
        if(strcmp(p->name,name)==0)
        {
            q->next=p->next;
            free(p);
            break;
        }
        q=p;
        p=p->next;
    }
}
LIST * search(LIST * head, char name[])
{
    LIST * p;
    p=head->next;
```

```
        while(p!=NULL)
        {
            if(strcmp(p->name,name)==0)
            {
                break;
            }
            p=p->next;
        }
        return p;
    }
```

同时,将这3个函数声明在 data.h 头文件中,以供主函数调用。代码如下:

```
#ifndef DATA_H
#define DATA_H
#include "main.h"
void add(LIST * head);
void delete(LIST * head, char name[]);
LIST * search(LIST * head, char name[]);
#endif
```

5. 文件保存读取模块设计

通讯录的结构体链表在每次更新之后都应以文件形式存储,以保证程序结束后再重新开启时仍能读取上一次的结果,因此,文件模块的函数包括保存文件函数和读取文件函数。

(1) savelist——保存文件函数。

savelist 函数负责将准备好的结构体链表存储至指定文件,并且应将链表的表头指针作为参数传递。在函数内部从头至尾遍历该链表,将每一个节点的内容存储至文件。

(2) readlist——读取文件函数。

readlist 函数负责将指定文件读取出来,一次读取一个链表节点大小的内容并依次生成链表节点,最终返回该链表的表头指针。

file.c 的代码如下:

```
#include <stdio.h>
#include "main.h"
//读取文件到链表
LIST * readlist()
{
    FILE * fp;
    int sign;
    LIST * s, * p, * head;
    if ((fp=fopen("list.dat", "rb"))==NULL)
    {
        printf("无法读取文件\n");
        return NULL;
```

```
        }
        head=(LIST * )malloc(sizeof(LIST));
        p=head;
        p->next=NULL;
        while(!feof(fp))
        {
            s=(LIST * )malloc(sizeof(LIST));
            if(fread(s, sizeof(LIST), 1, fp)==0)
                break;
            p->next=s;
            p=s;
            p->next=NULL;
        }
        fclose(fp);
        return head;
    }
//存储链表至文件
int savelist(LIST * p)
{
    FILE * fp;
    if ((fp=fopen("list.dat", "wb"))==NULL)
    {
        printf("无法打开文件!\n");
        return -1;
    }
    p=p->next;//越过开始的头节点
    while(p!=NULL)
    {
        fwrite(p, sizeof(LIST), 1, fp);
        p=p->next;
    }
    fclose(fp);
    return 1;
}
```

同时,将这两个函数声明在 file. h 头文件中,以供主函数调用。代码如下:

```
#ifndef FILE_H
#define FILE_H
LIST * readlist();
int savelist(LIST * p);
#endif
```

6. 通讯录显示模块设计
通讯录的显示只要遍历链表依次显示即可完成,仅需一个函数。实际上就本案例而言,将显示函数与增删查模块放置在一起也是可以的。但将显示函数独立为一个模块可以使得程序的功能结构更清晰,也方便程序的后续扩充。

display.c 的代码如下。

```c
#include <stdio.h>
#include "main.h"
void display(LIST * head)
{
    LIST * p;
    p=head->next;
    while(p!=NULL)
    {
        printf("%s\t%s\t%s\t%s\n",p->name,p->gender,p->tele,p->address);
        p=p->next;
    }
    getch();
}
```

同样,建立 data.h 头文件用于声明显示函数供主函数调用。代码如下:

```c
#ifndef DISPLAY_H
#define DISPLAY_H
#include "main.h"
void display(LIST * head);
#endif
```

7. 完成主函数设计

此时,主函数所需调用的各个模块均已完成,现在需要为主函数添加各个分支的调用语句,完成主函数。

对于链表操作,应有一个头节点作为开始,所以应声明该头节点的结构体,命名为head。在查找通讯录记录及删除通讯录记录的操作中,还需输入姓名,因此需要声明一个字符数组,并且加入用户输入姓名的代码。修改后的主函数代码如下:

```c
main()
{
    int select;
    char name[20];
    LIST * head=(LIST * )malloc(sizeof(LIST));
    LIST * p;
    head->next=NULL;
    //此处调用文件读取函数,形成通讯录链表
    p=readlist();
    if(p!=NULL)
        head=p;
    while(1)
    {
```

```
displaymenu();
printf("请选择一个功能: ");
scanf("%d",&select);
switch(select)
{
    case 1:
        add(head);                //添加通讯录记录函数
        display(head);
        savelist(head);           //保存文件函数
        break;
    case 2:
        printf("请输人要查找的人的姓名: ");
        scanf("%s",name);
        p=search(head,name); //查找通讯录记录函数
        if(p!=NULL)
            printf("%s\t%s\t%s\t%s\n",p->name,p->gender,p->tele,p->
            address);
        else
            printf("没找到\n");
        break;
    case 3:
        printf("请输人你要删除的人的姓名: ");
        scanf("%s",name);
        delete(head,name);       //删除通讯录记录函数
        display(head);
        savelist(head);          //保存文件函数
        break;
    case 4:
        display(head);           //显示通讯录记录函数
        break;
    case 5:                      //退出系统
        return;
    default:
        printf("输入错误,请重新选择。\n");
        break;
}
printf("按任意键继续......\n");
getch();
    }
}
```

五、系统测试

程序编写完成后,应对每一个分支进行测试。在设计测试用例时,应尽量涵盖所有的可能。举例来说,正常测试应该是执行"添加通讯录记录""查询通讯录记录""删除通讯录

记录"这样的常规流程,但在设计测试时还应该考虑例如在通讯录为空时删除通讯录记录的操作,避免出现异常。虽然诸如此类的操作并非常规操作,但是作为一个完善的程序软件,应尽量考虑所有可能的情况,避免由于用户的误操作出现程序"死机"或退出的情况。表 31-1 是一个简单的测试用例表。

表 31-1　通讯录软件测试用例表

序 号	测 试 项	条 件	操 作	预期结果	测试结果
1	添加通讯录记录	输入 1	按顺序输入通讯录记录	一条新的记录加入通讯录中并显示	
2	查询通讯录记录	输入 2	输入通讯录中已有的人员姓名	显示该人员的记录	
3	查询通讯录记录	输入 2	输入通讯录中不存在的人员姓名	提示不存在	
4	删除通讯录中的一条记录	输入 3	输入通讯录中已有的人员姓名	显示该人员记录删除后的通讯录	
5	显示通讯录记录	输入 4	无	显示全部通讯录记录	
6	文件保存	生成新记录	退出后重新执行程序并输入 4	完整显示之前的通讯录记录	

经测试,各个分支的功能正常,结果如图 31-3 所示。

图 31-3　通讯录运行结果

六、系统总结

本案例实现了一个通讯录程序,具有数据的增删查以及利用文件进行保存读取的功能。这是一个非常有代表性的案例,掌握了本案例的方法之后,就可以针对所有类似的数据处理类程序进行设计和编程。本案例的技术难点在于利用结构体链表进行数据的处理,以及使用文件保存和读取一个完整的链表结构。从工程角度而言,我们需要掌握的依然是如何进行分模块的设计,每个模块完成什么功能,需要哪些函数来完成,这需要通过不断的软件编程练习来体会和掌握。

在本例中,实现了通讯录记录的增加、删除、查找,实际上还有一个操作并没有实现,就是针对某一条记录进行修改。如果需要加入修改通讯录这个功能,应该将它加入哪一个模块?设计一个什么样的函数来完成这个功能?这个问题留给读者思考并完成。

附录 A

Microsoft Visual C++ 6.0实验环境

A.1 熟悉 Microsoft Visual C++ 6.0实验环境

Microsoft Visual C++ 6.0,简称 VC6,是一个功能强大的 C++ 语言(也包括 C 语言)软件开发工具。由于 Visual C++ 6.0 出现得较早,在许多新的平台上运行不稳定,甚至无法运行,所以本书实验部分并没有采用此软件进行讲解。又因为全国计算机等级考试中 C 语言考试采用这一版本软件,所以在此对照实验部分的 Code::Blocks 操作做对应的讲解,请读者根据自己的实际情况选择实验环境。

1. 编写第一个 C 语言程序

(1) 启动并进入 Visual C++ 6.0 集成开发环境。

从桌面或"开始"程序菜单中选择 Microsoft Visual C++ 6.0 命令进入 Visual C++ 6.0 集成开发环境,显示图 A-1 所示界面。

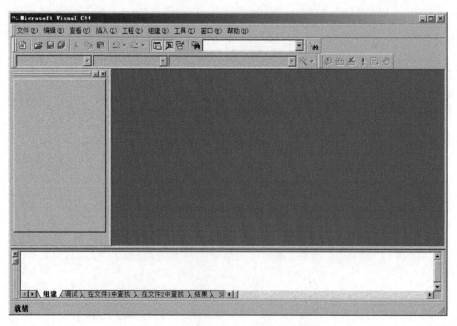

图 A-1 Visual C++ 6.0 启动界面

（2）创建工程。

选择"文件"菜单的"新建"命令，打开如图 A-2 所示的对话框。

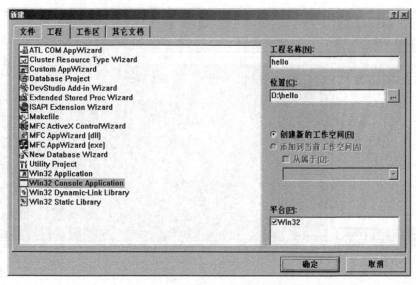

图 A-2　新建对话框（工程选项卡）

在"工程"选项卡中，选择 Win32 Console Application 工程类型，在"位置"文本框中输入（或者选择）创建工程的位置（如 D:\hello），在"工程名称"文本框中输入工程名称（本例将工程命名为 hello），单击"确定"按钮。

在弹出的如图 A-3 所示的对话框中选择"一个空工程"类型，向导将生成一个空白的工程，工程内不包含任何文件。

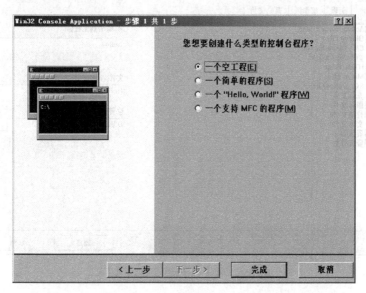

图 A-3　Win32 Console Application 的类型选择对话框

单击"完成"按钮,弹出新建工程信息窗口,单击"确定"按钮进入编程环境,界面如图 A-4 所示。

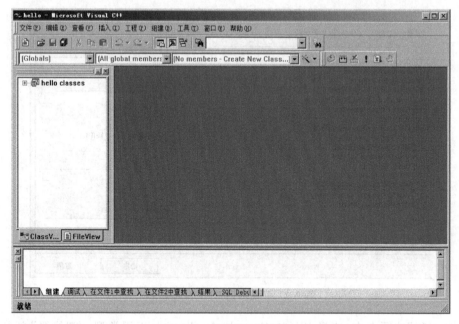

图 A-4　新建的工程界面

(3) 输入程序源代码(编辑)。

再次选择"文件"菜单中的"新建"命令,弹出如图 A-5 所示的对话框。

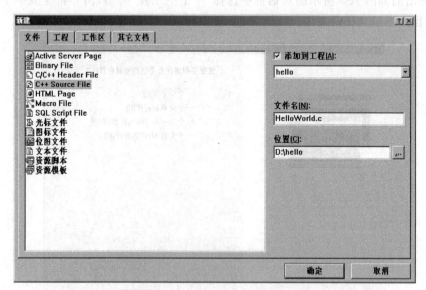

图 A-5　新建对话框(文件选项卡)

在"文件"选项卡中,选择 C++ Source File 项,在右侧的"文件名"文本框中输入文件名 HelloWorld.c,注意,一定要显式地添加".c"后缀,否则 Visual C++ 6.0 编译器将默认

程序设计基础(C 语言)实验指导与测试(第 3 版)

创建 C++ 源文件 HelloWorld.cpp(后缀名为".cpp"而不是".c")。

单击"确定"按钮,进入源程序编辑窗口,通过键盘输入程序代码:

```
#include <stdio.h>
main()
{
    printf("Hello World!\n");
}
```

此时编程环境如图 A-6 所示。

图 A-6　源文件编辑界面

(4) 编译、链接和运行程序。

程序编辑完成之后,就可以进行后 3 步的编译、链接与运行操作了,所有后 3 步的命令项都在菜单"组建"(Build)之中(也可以使用组建微型工具栏中的按钮进行操作)。

首先选择执行"编译"(Compile)命令,此时将对程序进行编译。若编译中发现错误(error)或警告(warning),将在下面的"输出"窗口中显示出它们所在的行以及具体的出错或警告信息,可以通过这些信息的提示来纠正程序中的错误或警告(注意,错误是必须纠正的,否则无法进行下一步的组建操作;而警告则不然,它并不影响程序的正常运行,当然最好能清除所有的警告)。当没有错误与警告出现时,Output 窗口所显示的最后一行应该是:HelloWorld.obj-0 error(s), 0 warning(s)。

编译通过后,可以选择"组建"菜单的"组建"命令执行链接以生成可执行程序。在链接中出现的错误也将显示到 Output 窗口中。链接成功后,Output 窗口所显示的最后一行应该是:HelloWorld.exe-0 error(s), 0 warning(s)。

最后就可以运行(执行)程序了,选择"组建"菜单的"执行"命令,Visual C++ 6.0 将运行已经编译好的程序,执行后将出现一个控制台界面,如图 A-7 所示,其中的 Press any key to continue 是由编译器系统自动产生的,提示用户程序执行完毕,并使用户能更好地阅读输出结果,按下任意一个按键后此控制台窗口关闭。

图 A-7　程序运行窗口

至此已经编辑、编译、链接(组建)并运行了一个完整的 C 语言程序。

提示:可以直接选择"执行"命令(或组建微型工具栏中的 ❗ 按钮),编译器将一次性完成编译、链接、运行程序等操作。

2. 编写加法程序

(1) 编写加法程序:输入两个整数,输出它们的和。

在开始编写第二个程序时,应建立新的工程,然后在新工程中创建新的 C 语言源程序,文件名为 add.c。具体操作步骤如前所示,不再赘述。

编写两个数的加法程序,程序代码如下:

```c
#include <stdio.h>
main()
{
    int a,b,c;
    scanf("%d%d",&a,&b);
    c=a+b;
    printf("%d\n",c);
}
```

此时源代码编辑界面如图 A-8 所示。

编译、链接、运行程序,在程序运行窗口中输入 3⌴5 后按回车键,运行结果如图 A-9 所示。

另一种输入方式是输入 3 并回车,然后再输入 5 并回车,也能得到正确的结果。可输入"3,5",看一下程序的运行结果。

提示:如果在编写第二个程序时没有建立新的工程,程序在编译时没有错误,在链接(组建)时将会出现两个 main 函数冲突的错误,这是因为在两个 C 语言的源文件中都定义了 main 函数的缘故。这时可以重新启动 Visual C++ 6.0,选择"文件"菜单中的"最近文件"命令打开刚刚创建的文件,编译、链接、运行即可。另一种方法是关闭 Visual C++ 6.0 后,在资源管理器(或"我的电脑")中找到刚刚编写的 C 程序源文件,在其上右击,在弹出的快捷菜单中的"打开方式"子菜单中选择 Visual C++ 6.0 文件图标打开此文件。

(2) 熟悉简单的程序编译错误。

在程序运行正确的基础上,删除 scanf 语句以及 c=a+b 语句后面的分号,重新编译

图 A-8　加法程序源文件编辑窗口

图 A-9　加法程序运行界面

程序,这时会出现编译错误。在编译器的输出窗口显示有编译错误,如图 A-10 所示。

滚动输出窗口右侧的滚动条,显露出第一条错误信息,双击此错误信息,就会在源程序编辑窗口的对应程序行的左侧显示一个提示标记,如图 A-11 所示,提示程序的第 6 行有语法错误,在标识符 c 前面缺少分号,按此错误提示信息改正错误,因为在源程序中可任意输入空格和回车,因此在标识符 c 前面添加分号与在 scanf 语句后添加分号效果相同。

需要注意的是,只有像本例这样明确可知下一条语句后也应添加分号的情况下,才能一次修改若干个错误,通常情况下改正第一条错误后就应该重新编译程序。许多时候后面的错误是由于前面的错误引起的,改正了前面的错误,后面的错误也就自动消失了。

在程序正确的情况下,分别修改下面的语句,熟悉简单的编译错误提示信息:

(1) 将语句 int a,b,c;中的 c 去掉。

(2) 将 scanf 修改为 scamf。

(3) 将 scanf 语句中变量 a、b 前的 & 符号去掉。

图 A-10 加法程序编译错误

图 A-11 双击第一条错误提示信息后的程序界面

（4）将 scanf 语句中的右引号去掉。

（5）在 printf 语句中的 c 前加上符号 &。

请返回实验 1 的实验内容部分继续。

A.2 程序调试初步

实验 4 是根据下面的公式求出 π 的值。

$$\frac{\pi^2}{6} = \frac{1}{1^2} + \frac{1}{2^2} + \cdots + \frac{1}{n^2}$$

需要调试的程序源代码见实验 4 的实验指导中的程序二,代码编辑界面如图 A-12 所示。

图 A-12　设置断点

将光标的输入点放置在 for 语句行的任意位置上,单击组建工具条上的断点按钮🖐, 会在这一行的最左端出现一个红色断点。注意:如果再次单击"断点"按钮,则此红色断点将被删除。

单击组建工具条断点按钮旁边的调试按钮🖳(注意不是运行按钮❗)开始调试程序, 在控制台窗口中输入 20 之后,程序中止进行,这时单击代码编辑窗口,会发现在断点位置上出现一个黄色箭头,代表程序将要执行的代码行,如图 A-13 所示。这时程序中止于此位置,进入调试状态。

此时在下面的 Auto 窗口中显示当程序运行到这里,变量 i 的值因为还没有执行初始化语句,是一个随机值,变量 n 的值是 20,说明输入语句正确。

此时在"工程"菜单项后面多了一个"调试"菜单项,选择调试菜单下的 Step Over 命令(也可单击调试工具栏中的⑰按钮,如调试工具栏没有显示,可以在任一工具栏上右击, 在弹出的快捷菜单中选择"调试"即可),程序将执行完当前行,黄色箭头移到下一行上,提示程序执行到此处,如图 A-14 所示。

在当前情况下,变量 i 的值为 1,变量 n 的值仍为 20,变量 pi 的值为 0。再一次执行 Step Over 命令,程序又停止在 for 语句上,此时又一次看到类似于图 A-13 所示的界面, 只不过此时的 i 值为 1。如果想看一下变量 pi 的值,可以单击 Auto 标签边上的 Locals 标签,显示如图 A-15 所示的界面。

在此窗口中能看到所有临时变量的值,其中变量 pi 的值为 1,这是刚将 $1/(1*1)$ 加入的结果。再次执行 Step Over 命令,会发现 i 的值变为 2,循环将第二次执行循环体。

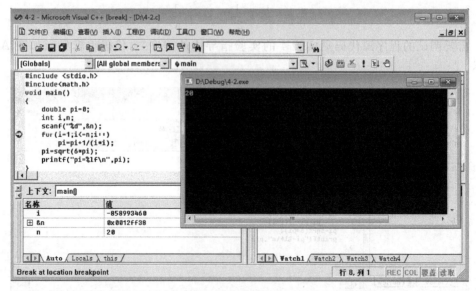

图 A-13　程序中止于断点上

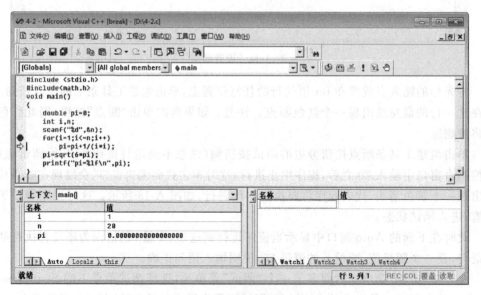

图 A-14　程序调试执行一步

再次执行 Step Over 命令,此时进入如图 A-16 所示的界面。

在 Locals 窗口中,我们发现变量 pi 的值为 1,而此时 pi 的值应为 1.25,说明 pi 在加上 $1/(2*2)$ 时出现了错误。这时就能发现原来数字 1 和变量 i 都是整型变量,因此当 i 的值大于 1 时,根据整数除法,$1/(i*i)$ 的运算结果为 0,因此无论输入什么样的 n 值,pi 的值都为 1,输出相同的最终结果就不足为奇了。

找到了错误,就没有必要再调试下去了,选择"调试"菜单下的 Stop Debugging 命令结束程序调试,将 pi=pi+1/(i*i);语句改为 pi=pi+1.0/(i*i);语句。去掉断点(不去

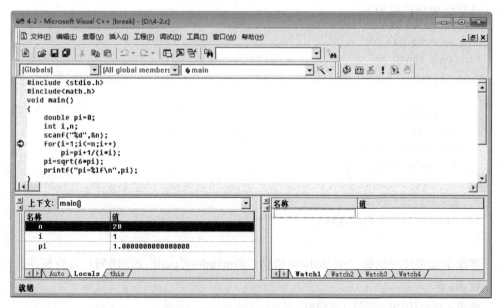

图 A-15　查看所有临时变量的值

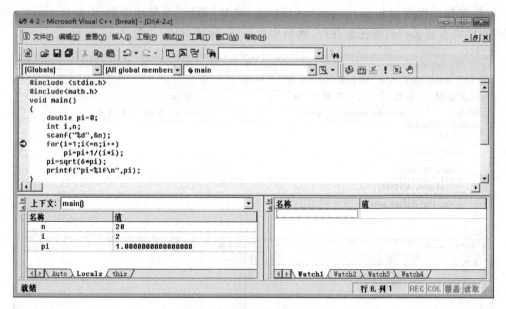

图 A-16　通过调试找到错误

掉也没有影响)后运行程序。

　　输入：20

　　输出：pi＝3.094670

　　输入：30

　　输出：pi＝3.110129

　　可以看到，当输入的 n 值越大，程序的结果就越接近于 π 的值，程序正确。

最终的程序代码如下：

```c
#include <stdio.h>
#include <math.h>
void main()
{
    double pi=0;
    int i,n;
    scanf("%d",&n);
    for(i=1;i<=n;i++)
        pi=pi+1.0/(i*i);
    pi=sqrt(6*pi);
    printf("pi=%lf\n",pi);
}
```

删除上面程序中的第二个 include 语句（#include ＜math. h＞语句），运行程序。

输入：30

输出：pi＝1076036223.000000

很显然程序有错误。按上面的步骤调试，运行若干步之后，发现循环没有错误，此时可以将光标放置在语句 pi＝sqrt(6 * pi);上，选择"调试"菜单项中的 Run to Cursor 命令，程序将直接运行到光标所在行，然后中止运行，继续调试，如图 A-17 所示。

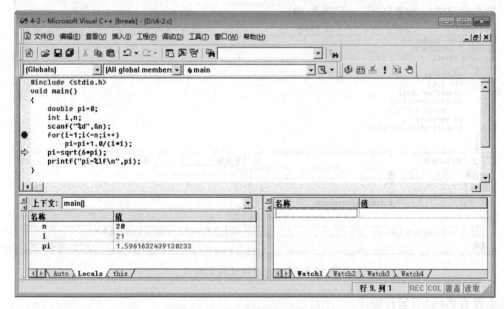

图 A-17　调试时运行到光标处

再一次执行 Step Over 命令，在图 A-18 所示的界面中很容易发现是 sqrt 函数运行错误，这样就找到错误的原因了。

请返回实验 4 的实验内容部分继续。

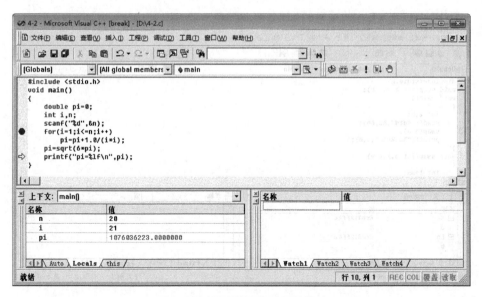

图 A-18　通过调试找到逻辑错误

A.3　程序调试提高

1. 调试交换两个数的函数

针对下面交换两个数的函数的程序源代码进行调试：

```c
# include <stdio.h>
void swap(int a,int b);
void main()
{
    int a,b;
    scanf("%d%d",&a,&b);
    swap(a,b);
    printf("%d,%d\n",a,b);
}
void swap(int a,int b)
{
    int temp;
    temp=a;
    a=b;
    b=temp;
}
```

在主程序 swap(a,b);行上加断点,调试程序,输入 3 ⌴5 后程序中断,如图 A-19 所示。

观察 Auto 窗口中的变量 a 和 b 的值可知输入语句正确。如果此时使用 Step Over

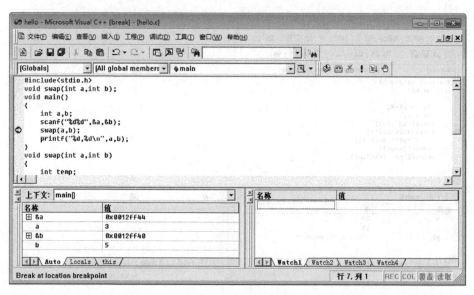

图 A-19　调试开始界面

命令(或单击"调试"工具栏上的 ⑦ 按钮),程序将直接执行 swap 函数后暂停在下一行的 printf 语句上,因此必须使用 Step Into 命令(或单击调试工具栏上的按钮 ⑪),程序暂停在 如图 A-20 所示的界面上。

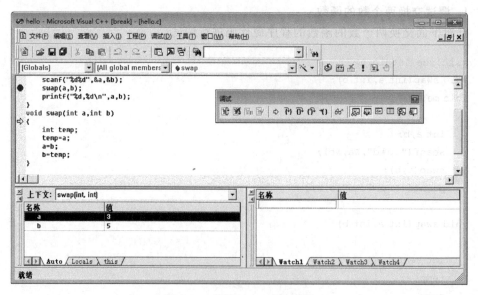

图 A-20　调试 swap 函数界面

　　重复执行 Step Into 命令,当函数执行完最后一条语句时,显示如图 A-21 所示的调试 界面。
　　因为 Auto 窗口只显示邻近行(当前行、上一行和下一行)变量的值,所以单击其右侧 的 Locals 标签,切换到 Locals 窗口,可以发现在 swap 函数中 a 和 b 的值已经交换了。

程序设计基础(C 语言)实验指导与测试(第 3 版)

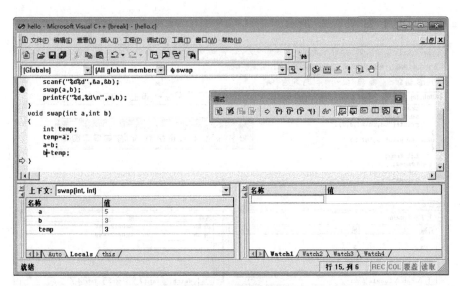

图 A-21　swap 函数结束界面

再一次执行 Step Into 命令，程序从 swap 函数中返回 main 函数的调用语句，如图 A-22 所示。

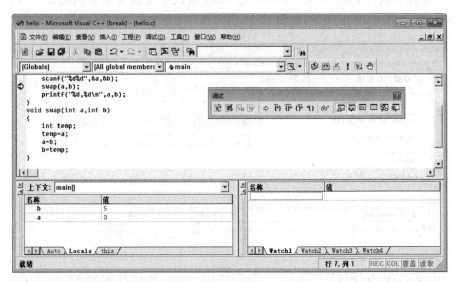

图 A-22　调试从函数中返回界面

此时可以发现变量 a 的值仍然是 3，而变量 b 的值也仍然是 5，没有交换。通过调试已发现问题，结束程序调试。

由上述调试过程可知，变量在 swap 函数中确实完成了交换，但 swap 函数中的 a 和 b 与 main 函数中的 a 和 b 是不同的（它们所用的存储空间不同），因此 swap 函数中交换的是 swap 中的 a 和 b，对 main 函数中的 a 和 b 没有任何影响。

可以利用右下角的 Watch 窗口更清楚地理解 main 函数中的 a 和 b 与 swap 函数中的 a 和 b 的不同。再次调试程序，在程序中止界面的 Watch 窗口中输入 &a 和 &b，观察变量 a 和 b 的地址,如图 A-23 所示。

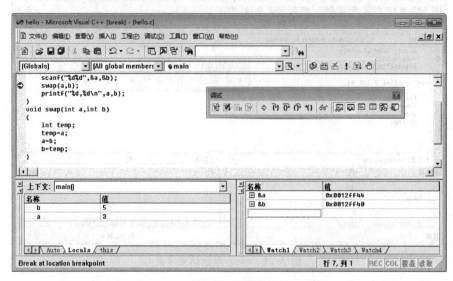

图 A-23 变量的存储地址观察界面

此时还没有执行 swap 函数,显示的是 main 函数中变量 a 和 b 的地址。执行 Step Into 命令,程序进入 swap 函数,如图 A-24 所示。

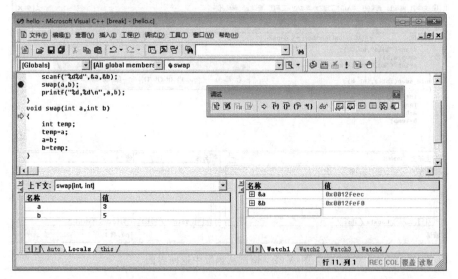

图 A-24 swap 函数中变量的地址显示界面

仔细对比就会发现,函数 swap 中的变量 a 和 b 的地址与 main 函数中的 a 和 b 的变量地址是不同的。调试结束。

在 Watch 窗口不仅可以观察变量的值,也可以输入表达式(如 a+b),观察表达式的值,甚至还可以对程序中的变量重新赋值(如让 a 等于 7),这对于进一步调试和理解程序的运行方式很有帮助。

可以通过函数参数使用指针变量来解决 swap 函数中的数据交换问题,程序代码如下:

```
#include <stdio.h>
void swap(int * a,int * b);
void main()
{
    int a,b;
    scanf("%d%d",&a,&b);
    swap(&a,&b);
    printf("%d,%d\n",a,b);
}
void swap(int * a,int * b)
{
    int temp;
    temp= * a;
    * a= * b;
    * b=temp;
}
```

编译运行程序。

输入: 3 ⌴5

输出: 5,3

程序运行正确。再次调试程序如下:

在主程序 swap(&a,&b);行上加断点,调试程序,输入 3 ⌴5 后程序中断,如图 A-25 所示。

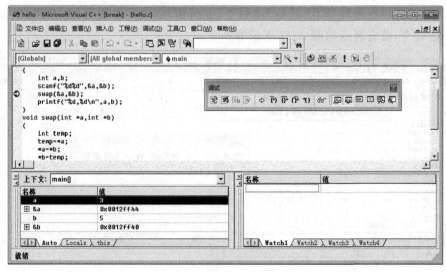

图 A-25　调试开始界面

在 Auto 窗口中不仅显示了 main 函数中变量 a 和 b 的值,还显示了它们的地址,注意观察它们的地址。执行 Step Into 命令,程序进入 swap 函数,如图 A-26 所示。

函数 swap 中的变量 a 和 b 存放的是 main 函数中变量 a 和 b 的地址,单击 Auto 窗口

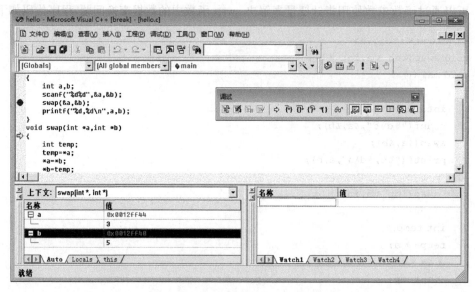

图 A-26　指针变量中地址观察界面

中变量 a 和 b 前的加号,显示指针变量 a 和 b 中存放的值分别是 3 和 5。

连续执行 Step Into 命令,观察程序执行交换过程中各变量的变化情况,调试过程不再赘述。因为此时改变的是地址中所存放的数值,而地址就是 main 函数中变量 a 和 b 的存储地址,因此 swap 函数中的数据交换后,主程序再访问该地址时,所得到的数值自然是交换后的数据。

另外,如果调试程序停在 printf 语句上,此时应执行 Step Over 命令,如果执行了 Step Into 命令,将会显示如图 A-27 所示的界面。

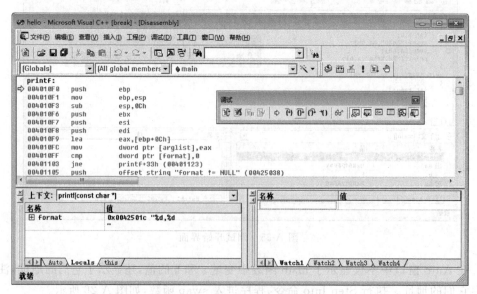

图 A-27　printf 函数的调试界面

此时进入的是 printf 函数,由于显示的是编译后的代码,不是 C 语言源程序,难以阅读和理解。这时只要结束当前调试,重新开始调试即可。

如果函数调试结束,没有必要再按步调试下去,可以执行 Step Out 命令(或单击调试工具栏上的按钮),程序将一次执行完函数中的其他语句,然后返回到调用函数的语句处继续调试。

请返回实验 7 的实验指导中的程序二继续。

2. 调试实验 7 的实验指导中的程序二

程序代码及分析讲解见实验 7 的实验指导中的程序二,调试过程如下:

设置断点后调试程序,输入字符串 hello world,然后再输入字符 o,进入如图 A-28 所示的调试界面。

图 A-28　调试开始界面

在此界面中可知字符数组 s 的地址是 0x0012ff24,存放的字符串为 hello world,字符数组名 s 中存放的是该数组的首地址,因此可以作为函数第二个参数(要求是字符型地址变量)进行函数调用。

多次执行单步调试,直到程序中止于循环中再次调用函数的程序行上,如图 A-29 所示。

在此界面中可知字符数组中 s[5] 的地址是 0x0012ff29,与字符串的首地址 0x0012ff24 正好差 5 个字符 hello 的位置偏移。从这个地址开始的字符串不再是"hello world",而是" world"(world 前面有一个空格)。

再多次执行单步调试,直到程序中止于第三次调用函数的程序行之后,如图 A-30 所示。

在此界面中可见,字符数组中 s[8] 的地址是 0x0012ff2c,从这个地址开始的字符串是

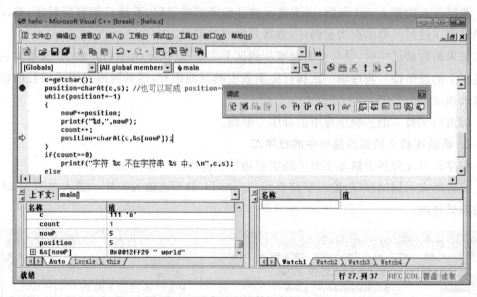

图 A-29　再次调用函数语句调试界面

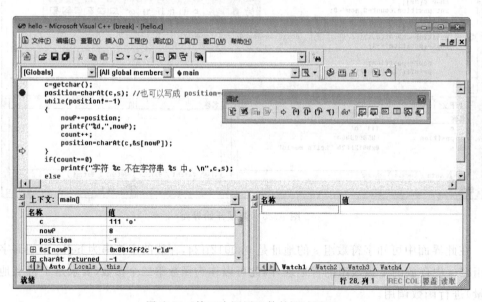

图 A-30　第三次调用函数的调试界面

rld 3 个字符的字符串了。因此函数 charAt 的返回值是－1，程序将结束循环，不再调用 charAt 函数了。

　　请返回实验 7 的实验内容部分继续。

实验指导奇数题参考答案

实验 1

1.
略

3.

```
#include <stdio.h>
main()
{
    int a,b,c,sum,ave;
    scanf("%d%d%d",&a,&b,&c);
    sum=a+b+c;
    ave=sum/3;
    printf("%d,%d\n",sum,ave);
}
```

提示：平均数是整数，因此如果输入 4 ⌴5 ⌴5,输出的是平均数的整数部分 4。

实验 2

1.

```
#include <stdio.h>
main()
{
    char a;
    a=getchar();
    printf("%d\n",a-'a'+1);
}
```

提示：a—'a'表示变量 a 的 ASCII 码值与字符常量 a 的距离,如输入小写字母 b,则其 ASCII 码值与字符常量 a 的距离为 1。

3.

```
#include <stdio.h>
main()
{
    double F,C;
    scanf("%lf",&F);
    C=5.0/9*(F-32);
    printf("%lf\n",C);
}
```

提示：如将语句 C＝5.0/9＊(F－32);写成 C＝5/9＊(F－32);,则 5/9 按整数除法运算得 0,造成计算错误。

5.

```
#include <stdio.h>
main()
{
    double x;
    scanf("%lf",&x);
    x=(int)(x*100+0.5);
    x=x/100;
    printf("%lf\n",x);
}
```

提示：x＊100 使百分位成为整数的个位,加 0.5 是对原千分位数(现十分位数)进行五入,(int)强制进行整数转换,将小数部分舍去(对原数据从千分位进行四舍),最后 x＝x/100 恢复成带有两位小数的数据。

实验 3

1.

方法一：

```
#include <stdio.h>
main()
{
    double x;
    scanf("%lf",&x);
    if(x>0)
        printf("1\n");
    else if(x<0)
        printf("-1\n");
    else
        printf("0\n");
```

```
    }
```

方法二：

```
#include <stdio.h>
main()
{
    double x;
    scanf("%lf",&x);
    if(x>0)
        printf("1\n");
    if(x<0)
        printf("-1\n");
    if(x==0)
        printf("0\n");
}
```

提示：使用 if…else if…else 多分支结构程序的可读性更好，执行效率也更高。例如，当 x 大于 0 时多分支结构只执行了一次判断，而单分支结构则要进行 3 次判断。建议能使用多分支结构完成的程序尽量采用多分支结构。

3.

```
#include <stdio.h>
main()
{
    double x,y;
    scanf("%lf",&x);
    if(x<2)
        y=1+x;
    else if(x<4)
        y=1+(x-2)*(x-2);
    else
        y=(x-2)*(x-2)+(x-1)*(x-1)*(x-1);
    printf("x=%lf,y=%lf\n",x,y);
}
```

提示：因为使用的是 if…else if…else 多分支结构，$x>=2\&\&x<4$ 可以简写成 $x<4$，因为如果 $x<2$ 则符合 if 条件，不会执行到 else if 语句。

另外，一般 x 的平方写成 $x*x$，x 的立方写成 $x*x*x$，虽然有 pow 函数，但这样程序的执行效率更高。如果使用 pow 函数，程序代码如下：

```
#include <stdio.h>
#include <math.h>
main()
{
    double x,y;
```

```
scanf("%lf",&x);
if(x<2)
    y=1+x;
else if(x<4)
    y=1+pow(x-2,2);
else
    y=pow(x-2,2)+pow(x-1,3);
printf("x-%lf,y-%lf\n",x,y);
}
```

只有使用了 ♯include ＜math. h＞语句才能正确使用数学函数，pow 是数学函数之一。

5.
```
#include <stdio.h>
main()
{
    int a,b,c;
    scanf("%d,%d,%d",&a,&b,&c);
    switch(a)
    {
        case 1:
            printf("%d\n",b+c);
            break;
        case 2:
            printf("%d\n",b-c);
            break;
        case 3:
            printf("%d\n",b*c);
            break;
        case 4:
            printf("%d\n",b/c);
            break;
    }
}
```

提示：对应独立数值的多分支结构，采用 swith 语句通常比 if…else if…else 在阅读上更清晰，switch 语句的每一个分支通常都需要以 break 语句结束。

实验 4

1.
```
#include <stdio.h>
void main()
```

```
{
    int n,t,sum=0;
    scanf("%d",&n);
    t=n;
    while(n!=0)
    {
        sum=sum+n%10;
        n=n/10;
    }
    printf("整数%d的各位数字之和为%d。\n",t,sum);
}
```

提示：变量 sum 中存放的是各位数字之和，在使用前一定要注意赋初值为 0，否则求和错误；因为循环结束后 n 的值一定为 0，所以先用变量 t 记住输入的数字 n 的值，以便输出语句调用。

3.

方法一：

```
#include <stdio.h>
void main()
{
    int m,n,i,gys,gbs;
    scanf("%d%d",&m,&n);
    i=1;
    while(i<=m && i<=n){
        if(m%i==0 && n%i==0)
            gys=i;
        i++;
    }
    gbs=m*n/gys;
    printf("%d,%d\n",gys,gbs);
}
```

提示：直接使用最大公约数的定义，从 1 开始查找 m 和 n 的公约数（能同时整除 m 和 n 的数），循环执行完毕后所记住的约数就是最大公约数。得到最大公约数后，可以很容易地算出最小公倍数（等于两个数的积除以它们的最大公约数）。

方法二：

```
#include <stdio.h>
void main()
{
    int m,n,t,gys,gbs;
    scanf("%d%d",&m,&n);
    gbs=m*n;
    while(m%n!=0){
```

```
        t=m%n;
        m=n;
        n=t;
    }
    gys=n;
    gbs=gbs/gys;
    printf("%d,%d\n",gys,gbs);
}
```

提示：当数字非常大时，直接使用最大公约数的定义进行问题求解速度较慢，实际应用中会使用一种较快的算法——辗转相除法解决这一问题。其思想是：求两个数 m 和 n 的最大公约数，可以用 m 除以 n，得到商 q 和余数 r，显然 r 小于除数 n，如果余数 r 等于 0，说明除数 n 就是最大公约数，如果 r 不等于 0，则数字 n 和 r 与数字 m 和 n 的最大公约数相同；用数字 n 替代 m，用数字 r 替代 n，重复上述算法，直到余数 r 为 0 时，除数 n 即为所求。

5.

方法一：

```
#include <stdio.h>
void main()
{
    char ch;
    int a,b,c,d;
    a=b=c=d=0;
    ch=getchar();
    while(ch!='\n'){
        if(ch>='0' && ch<='9')
            a++;
        else if(ch>='A' && ch<='Z')
            b++;
        else if(ch>='a' && ch<='z')
            c++;
        else
            d++;
        ch=getchar();
    }
    printf("%d,%d,%d,%d\n",a,b,c,d);
}
```

提示：因为需要输入多个字符，所以要使用循环结构，输入一个字符，如果不是换行符，判断其是否为数字字符（ASCII 码值介于字符 0 和字符 9 之间），是则统计量增 1，否则接着判断其是否为大写字母、小写字母、其他字符，判断完成后读取下一个字符，当输入的字符是换行符时停止输入（循环结束），输出统计结果。

方法二：

```
#include <stdio.h>
void main()
{
    char ch;
    int a,b,c,d;
    a=b=c=d=0;
    do{
        ch=getchar();
        if(ch>='0' && ch<='9')
            a++;
        else if(ch>='A' && ch<='Z')
            b++;
        else if(ch>='a' && ch<='z')
            c++;
        else
            d++;
    }while(ch!='\n');
    printf("%d,%d,%d,%d\n",a,b,c,d-1);
}
```

　　提示：程序设计思路同方法一，因为采用的是直到型循环，因此读取字符语句只需在循环体中出现即可，又因为在读取字符后，先进行统计，后判断其是否为换行符，因此其他字符统计值多了一个字符（换行符），在输出统计结果时应将其减去。

实验 5

1.

```
#include <stdio.h>
void main()
{
    int a[10]={1,2,3,4,5,6,7,8,9,10};
    int i,t;
    printf("原数组\n");
    for(i=0;i<10;i++)
        printf("%4d",a[i]);
    printf("\n");
    for(i=0;i<5;i++){
        t=a[i];
        a[i]=a[9-i];
        a[9-i]=t;
    }
    printf("对调后的组\n");
    for(i=0;i<10;i++)
```

```
            printf("%4d",a[i]);
        printf("\n");
    }
```

提示：程序主体分为3组循环，一组为输出原始数据，一组为输出对调后的数据，中间一组是程序处理过程，因为是数组中的数据首尾交换，所以只需循环执行数组元素个数的二分之一次即可，否则就相当于执行了两次首尾交换，数组不变。在交换时引入中间变量t，以防数据丢失。

3.

```
#include <stdio.h>
void main()
{
    int a[10][10];
    int i,j,n,min,minIndex,max,maxIndex,t;
    printf("请输入数据 n 的值\n");
    scanf("%d",&n);
    printf("请输入数组的数据\n");
    for(i=0;i<n;i++)
        for(j=0;j<n;j++)
            scanf("%d",&a[i][j]);
    min=max=a[0][0];
    minIndex=maxIndex= 0;
    for(i=0;i<n;i++){
        for(j=0;j<n;j++){
            if(min>a[i][j]){
                min=a[i][j];
                minIndex=i;
            }
            if(max<a[i][j]){
                max=a[i][j];
                maxIndex=i;
            }
        }
    }
    for(j=0;j<n;j++){
        t=a[minIndex][j];
        a[minIndex][j]=a[maxIndex][j];
        a[maxIndex][j]=t;
    }
    printf("交换后的数组\n");
    for(i=0;i<n;i++){
        for(j=0;j<n;j++)
            printf("%4d",a[i][j]);
```

```
        printf("\n");
    }
}
```

提示：首先查找最大值和最小值所在的行，在查找最大和最小值时记住其所在的行，注意，初始化语句不能省略，否则一旦第一个元素是最大值或者最小值，将会由于变量未被赋值而出现运行时错误。当找到最大值和最小值所在的行后，使用一个单重循环将其所对应的元素一一交换。

5.

```
#include <stdio.h>
void main()
{
    char s[30];
    int i,find=0,sum=0;
    gets(s);
    i=0;
    while(s[i]!='\0'){
        if(s[i]>='0' && s[i]<='9'){
            find=1;
            sum+=s[i]-'0';
        }
        i++;
    }
    if(find==1)
        printf("字符串中的数字之和为 %d\n",sum);
    else
        printf("字符串中没有数字! \n");
}
```

提示：定义一个标记变量 find 用于标记字符串中是否包含数字字符，默认为不包含（0）。对读入的字符串中的每一个字符，判断其是否为数字字符，如果是则 find 标记设定为 1，累加数字的和。在累加时，应注意获得的是数字字符，应将其减去字符 0 获得该字符的字面数值。

实验 6

1.

```
#include <stdio.h>
int primeNum(int x);
void main()
{
    int i;
```

```
        for(i=2;i<1000;i++)
            if(primeNum(i)==1)
                printf("%d,",i);
        printf("\n");
    }
    int primeNum(int x)
    {
        int i;
        for(i=2;i<x;i++)
            if(x%i==0)
                return 0;
        return 1;
    }
```

提示：函数在使用前应先声明，由于函数的返回值的类型是 int，本题不事先声明函数也能运行。在函数中的 return 语句将终止函数的执行，返回相应的函数值。

3.
```
#include <stdio.h>
int fun(int m,int n);
int fact(int n);
void main()
{
    int m,n,p;
    scanf("%d%d",&m,&n);
    p=fun(m,n);
    printf("%d\n",p);
}
int fun(int m,int n)
{
    return fact(m)/(fact(n) * fact(m-n));
}
int fact(int n)
{
    int i,fact=1;
    for(i=1;i<=n;i++)
        fact=fact * i;
    return fact;
}
```

提示：虽然题目没有要求，但因为求阶乘函数频繁使用，在此定义为函数 fact，这也正是函数使用的意义之一。在编译器中，int 类型的取值范围有限，而求阶乘函数递增极快，注意测试时不要输入太大的数据，以免由于溢出输出错误结果。

5.

```c
#include <stdio.h>
void catStr(char str1[],char str2[]);
int lenStr(char str[]);
void main()
{
    char str1[30],str2[30];
    gets(str1);
    gets(str2);
    printf("字符串 1 的长度为 %d\n",lenStr(str1));
    printf("字符串 2 的长度为 %d\n",lenStr(str2));
    catStr(str1,str2);
    puts(str1);
    printf("调用函数后字符串 1 的长度为 %d\n",lenStr(str1));
}
int lenStr(char str[])
{
    int i;
    i=0;
    while(str[i]!='\0')
        i++;
    return i;
}
void catStr(char str1[],char str2[])
{
    int i,j;
    i=0;
    while(str1[i]!='\0')
        i++;
    j=0;
    while(str2[j]!='\0'){
        str1[i]=str2[j];
        i++;
        j++;
    }
    str1[i]='\0';
}
```

提示：在求字符串长度的函数中，i 所在的位置是'\0'的位置，也就是字符串中最后一个字符的下标为 i-1，而数组下标是从 0 开始的，因此字符串长度为最后一个字符的下标加 1，正好是变量 i 的值。字符串连接函数首先找到字符串 1 的结束位置，然后将字符串 2 中的每一个字符写到字符串 1 的结束位置上；需要特别注意的是，在将字符串 2 中的字符都连接到字符串 1 后，应注意添加字符串结束标记('\0')。

实验 7

1.

```c
#include <stdio.h>
void main()
{
    int a[20]={1,3,5,7,9,11,13};
    int x, * p;
    scanf("%d",&x);
    p=&a[19];
    while( * p==0)
        p--;
    while( * p>x){
        * (p+1)= * p;
        p--;
    }
    * (p+1)=x;
    p=a;
    while( * p!=0){
        printf("%d,", * p);
        p++;
    }
    printf("\n");
}
```

提示：假定 0 是一个不会出现的无效数字(也可以使用-1、-999 等)。因为数组是有序的，一旦找到插入数字的位置，原来位于该位置以后的数字都要向后移动一位，所以采用了从后到前的比较方式：首先定位到第一个有效数字，然后判断此数字是否大于输入的数字 x，如果是，则向后移动一位，这样循环下去，直到找到小于 x 的数字，将 x 放置到此数字后面的位置上(前面的处理已将此位置空出，该位置的数字已经向后移动一位了)。

3.

```c
#include <stdio.h>
void upCopy(char * new1,char * old);
void main()
{
    char s1[20],s2[20];
    gets(s1);
    gets(s2);
    upCopy(s1,s2);
    puts("upCopy 函数调用后: ");
    puts(s1);
```

```
}
void upCopy(char * new1,char * old)
{
    while( * new1!='\0')
        new1++;
    while( * old!='\0'){
        if( * old>='A' && * old<='Z')
            * new1++= * old;
        old++;
    }
    * new1='\0';
}
```

提示：字符串连接函数首先找到字符串 new1 的结束位置，然后对于字符串 old 中的每一个字符，判定其是否为大写字母，如果是，则将其写到字符串 new1 的结束位置上。在将字符串 old 中的字符都连接到字符串 new1 后，添加字符串结束标记('\0')。

5.

```
#include <stdio.h>
void delet(char * str,char ch);
void main()
{
    char s1[20],ch;
    puts("请输入字符串：");
    gets(s1);
    puts("请输入要删除的字符：");
    ch=getchar();
    delet(s1,ch);
    puts("delet 函数调用后：");
    puts(s1);
}
void delet(char * str,char ch)
{
    char * p;
    p=str;
    while( * str!='\0'){
        if( * str!=ch)
            * p++= * str;
        str++;
    }
    * p='\0';
}
```

提示：因为字符串中可能多次出现要删除的字符，所以使用字符指针变量 p 记住删除后的字符串的结束位置。对于字符串中的每一个字符,判定其是否为要删除的字符,如果不是,则将其写到指针 p 的位置上,指针 p 的位置加 1,最后添加字符串结束标记('\0')。

实验 8

1.
```c
#include <stdio.h>
struct date{
    int year;
    int month;
    int date;
};
void main()
{
    struct date d1;
    int days[]={31,28,31,30,31,30,31,31,30,31,30,31};
    int i,sumDays;
    puts("请输入年、月、日;用空格隔开: ");
    scanf("%d%d%d",&d1.year,&d1.month,&d1.date);
    sumDays=d1.date;
    for(i=1;i<d1.month;i++)
        sumDays+=days[i-1];
    if(d1.month>2)
        if((d1.year%4==0&&d1.year%100!=0)||d1.year%400==0)
            sumDays++;
    printf("%d 年%d 月%d 日是该年的第%d 天。\n",d1.year,d1.month,d1.date,
    sumDays);
}
```

提示:结构体通常会在多个函数中使用,因此定义在 main 函数之外。结构体中数据的访问采用"."的调用方式,然后可按之前数据类型的处理方式进行处理。

3.
```c
#include <stdio.h>
void sumScore(struct score sc[],int n);
struct score{
    int snum;
    char name[20];
    int score[3];
    int sum;
};
void main()
{
    struct score sc[5];
```

```
        int i;
        for(i=0;i<5;i++){
            printf("请输入第%d个学生的学号：\n",i+1);
            scanf("%d",&sc[i].snum);
            printf("请输入姓名：\n");
            getchar();
            gets(sc[i].name);
            printf("请输入3个科目的成绩：\n");
            scanf("%d%d%d",&sc[i].score[0],&sc[i].score[1],&sc[i].score[2]);
        }
        sumScore(sc,5);
        for(i=0;i<5;i++){
            printf("%d\t",sc[i].snum);
            printf("%s\t",sc[i].name);
            printf("%d\t%d\t%d\t%d\n",sc[i].score[0],sc[i].score[1],sc[i].score
            [2],sc[i].sum);
        }
    }
    void sumScore(struct score sc[],int n)
    {
        int i;
        for(i=0;i<n;i++)
            sc[i].sum=sc[i].score[0]+sc[i].score[1]+sc[i].score[2];
    }
```

提示：结构体定义在 main 函数之外，结构体数组中数据的访问形式与普通数组相同。sumScore 函数有两个参数，一个是结构体数组，另一个是数组中元素的个数。其实在函数调用中，使用指向结构体数组的指针形式访问结构体数组更为常用。

5.

```
#include <stdio.h>
#include <stdlib.h>
struct student{
    int snum;
    char name[20];
    int sex;
    char class1[20];
    char major[20];
    struct student * next;
};
typedef struct student Student, * pStudent;
Student * add(pStudent head);
void show(pStudent head);
void main()
```

```
{
    pStudent head=NULL;
    show(head);
    head=add(head);
    head=add(head);
    show(head);
}
Student * add(pStudent head)
{
    pStudent p;
    p=(Student *)malloc(sizeof(Student));
    puts("请输入学号: ");
    scanf("%d",&p->snum);
    getchar();
    puts("请输入姓名: ");
    gets(p->name);
    puts("请输入性别,男输入 1,女输入 0: ");
    scanf("%d",&p->sex);
    getchar();
    puts("请输入班级: ");
    gets(p->class1);
    puts("请输入专业: ");
    gets(p->major);
    if(head==NULL)
        p->next=NULL;
    else
        p->next=head;
    return p;
}
void show(pStudent head)
{
    if(head==NULL)
        printf("链表中没有数据节点\n");
    else
        do{
            printf("%d\t%s\t%d\t",head->snum,head->name,head->sex);
            printf("%s\t%s\n",head->class1,head->major);
            head=head->next;
        }while(head!=NULL);
}
```

　　提示：因为经常定义结构体变量，因此使用 typedef 简化定义语句。参考代码中只有一个链表，因此没有链表的创建函数。由于要使用内存分配函数，所以必须包含文件 stdlib.h。add 函数申请了新的内存空间，将其地址返回给调用函数，所以声明其返回值为节点指针类型。

实验9

1.
```c
#include <stdio.h>
#define max(x,y) (x>y? x:y)
#define min(x,y) (x<y? x:y)
main()
{
    int x,y;
    printf("Please input x, y:");
    scanf("%d%d",&x,&y);
    printf("The max value of x, y:%d\n",max(x,y));
    printf("The min value of x, y:%d\n",min(x,y));
}
```

提示：使用#define定义变量max(x,y)和min(x,y),预编译以后程序中所有的三目运算表达式(x>y? x:y)被max(x,y)替代。类似地,表达式(x<y? x:y)被min(x,y)替代。

3.
```c
#define CONDITION(Status) (Status<0)
#include <stdio.h>
void main()
{
    int d;
    printf ("Please input a integer number(n>=0)\n");
    do
    {
        scanf("%d",&d);
    }while(CONDITION(d));
}
```

提示：使用#define定义的变量,预编译以后程序中while(CONDITION(d))在编译之前被无条件替换为while(d<0)。宏定义和调用在形式上与函数比较相似,但是原理不同。

5.
```c
#include <stdio.h>
#define COUNT 20
void main()
{
    float fAvg;          //平均成绩
    float fMax;          //最高成绩
```

```
    int iMax;
    float fSum;
    int i;
    //C 语言成绩人数 COUNT
    float fCScore[COUNT]={78.5,65,89,65,45,62,89,99,85,85,100,58,98,86,68,66,
                          85.5,89.5,75,76};
    //计算总分
    fSum=0;
    for(i=0;i<COUNT;i++)
        fSum=fSum+fCScore[i];
    //计算平均分
    fAvg=fSum/COUNT;
    //计算最高分
    fMax=fCScore[0];
    iMax=0;
    for(i=0;i<COUNT;i++)
    {
        if(fMax<fCScore[i])
        {
            iMax=i;
            fMax=fCScore[i];
        }
    }
    //输出信息
    printf("The Score of C Programming Language\n");
    printf("The intial score is:");
    for(i=0;i<COUNT;i++)
        printf(" %4.1f",fCScore[i]);
    printf("\nThe Max Score is %8.2f \n",fCScore[iMax]);
    printf("The Average is %8.2f \n",fAvg);
}
```

提示：使用#define 定义的无参数宏 COUNT 替代整型常量 20。20 代表全班同学的总人数。根据求解问题的需要,20 出现了多次,如果题目改为全班有 30 人,只需在宏定义#define 位置把 20 修改为 30,初始化 30 名同学的成绩即可。宏定义方便程序的编写,减少编译错误。

实验 10

1.

```
#include <stdio.h>
#include <stdlib.h>
#include <string.h>
```

```
void main()
{
    FILE * fp;
    char filename[12]={"data.txt"};
    int a[10],i,max,min;
    printf("请输入 10 个整数:\n");
    for (i=0;i<10;i++)
    {
        scanf("%d",&a[i]);
    }
    if((fp=fopen(filename,"w"))==NULL)          //建立数据文件 data.txt
    {
        printf("Can't open the %s\n",filename);
        exit(0);
    }
    //屏幕输出 10 个整数
    printf("输入的 10 个整数:");
    for(i=0;i<10;i++)
        printf(" %d",a[i]);
    fprintf(fp,"输入的 10 个整数:");
    //初始化整数输出到文件
    for(i=0;i<10;i++)
        fprintf(fp," %d",a[i]);

    max=a[0];
    min=a[0];
    for (i=1;i<10;i++)
    {
        if (a[i]>max)
            max=a[i];
        if (a[i]<min)
            min=a[i];
    }
    //屏幕输出
    printf("\n最大值是 %d, 最小值是 %d\n",max,min);
    //文件输出
    fprintf(fp,"\n最大值是 %d, 最小值是 %d\n",max,min);
    fclose(fp);                                 //关闭指针文件
}
```

  提示：语句 FILE * fp 声明一个文件指针 fp,使用字符数组 filename[]保存文件名,使用的 fopen 函数中 w 参数表示打开一个只写文件。使用 fprintf 函数将数组中的整型数值输出到 data.txt 文件中,其中各整型数之间以空格间隔。

3.

```
#include <stdio.h>
#include <string.h>
#include <stdlib.h>
void main()
{
    FILE * in, * out;
    char infile[20],outfile[20];
    printf("Enter the source file name:");
    scanf("%s",infile);
    printf("Enter the destination file name:");
    scanf("%s",outfile);
    if((in=fopen(infile,"r"))==NULL)
    {
        printf("cannot open infile\n");
        exit(0);
    }
    if((out=fopen(outfile,"a"))==NULL)
    {
        printf("cannot open outfile\n");
        exit(0);
    }
    while(!feof(in))
        fputc(fgetc(in),out);
    fclose(in);
    fclose(out);
}
```

提示:本题需要提前建立两个文本文件 source.txt 和 dest.txt,两个文件都放在源程序当前文件夹下。fopen 函数中,r 参数表示打开一个只读文件;a 参数表示以附加的方式打开只写文件,若文件不存在,则会建立该文件,如果文件存在,写入的数据会被加到文件尾,即文件原先的内容会被保留。使用 fgetc 函数将源文件中的字符一个一个读取出来,再使用 fputc 函数将读取的字符写入目的文件中。

5.

```
#include <stdio.h>
#include <stdlib.h>
#include <string.h>
struct student
{
    char number[10];
    char name[20];
    int score[3];
```

```
}str[5];
void main()
{
    int i;
    FILE * fp;
    struct student * p;
    char filename[10]={"stud.txt"};
    p=str;                              //初始化结构体指针
    fp=fopen(filename, "r");            //r 表示以只读方式打开文件,该文件必须存在
    if (fp==NULL)
    {
        printf("Can't open the %s\n",filename);
        exit(0);
    }
    while (!feof(fp))
    {
        for(i=0;i<5;i++)               //读文件到数据结构变量
        {
            fscanf(fp, "%s%s%d%d%d", p->number, p->name, &p->score[0],
                &p->score[1],&p->score[2]);
            p++;
        }
    }
    printf("学号\t姓名\t数学\tC语言\t英语");
    p=str;                              //结构体指针重置
    for(i=0;i<5;i++)                    //输出到屏幕
    {
        printf("\n%s %s\t%d\t%d\t%d", p->number, p->name, p->score[0],
            p->score[1],p->score[2]);
        p++;
    }
    printf("\n");
    fclose(fp);                         //关闭文件指针
}
```

提示：使用 fopen 函数打开当前文件夹下的文本文件。使用 fscanf 函数读取文本文件中的数据,按照格式输出到结构体变量中。通过 printf 函数输出结构体变量到屏幕。注意,使用循环结构之前,结构体指针需要重置,对应到结构体首地址。程序结束前,使用fclose 函数关闭文件指针。

实验 11

1.

问题分析：基站以坐标原点为中心,设某一点(x, y)的半径(与基站的距离)为 r,则

$r = \sqrt{x^2 + y^2}$，满足条件 $r \leqslant 35$。算法的流程图略。

```c
#include <stdio.h>
#include <math.h>
/*
 * 函数名：circleR
 * 功  能：计算半径(km)
 * 输  入：coorX 坐标轴 X 点
          coorY 坐标轴 Y 点
 * 输  出：(X, Y)点到原点距离 R
 * 返回值：R
 */
double circleR(double coorX, double coorY)
{
    double R;
    R=sqrt(coorX * coorX+coorY * coorY);
    return R;
}
main()
{
    double x, y, disR;
    printf("请输入坐标点(x,y)值:");        //输入坐标点 x、y 的值
    scanf("%f%f", &x,&y);
    disR=circleR(x,y);
    if(disR<=35)                          //判断坐标点是否在基站覆盖范围内
    {
        printf("坐标点在基站覆盖范围内.\n");
    }
    else
        printf("坐标点不在基站覆盖范围内.\n");
}
```

提示：首先分析问题，构建适合问题描述的数学表达式。对程序进行功能性描述，注明程序的函数名、功能、输入、输出、返回值等内容，便于阅读和理解程序。程序模块化的思想是由功能子程序实现的，程序模块的函数参数变量应规范化定义。

3.

问题分析：分别构建时间和高度的子函数，在主程序中调用，输出显示炮弹飞行时间和垂直高度。算法的流程图略。

```c
#include <stdio.h>
#include <math.h>
#define g 9.8
/*
 * 函数名：flyTimeCompute
```

```
 * 功    能：计算飞行时间和垂直高度
 * 输    入：distance 水平距离(米)
            velocity 炮弹速度(米/秒)
            seta 炮弹发射仰角(弧度)
 * 输    出：炮弹飞行时间 time
 * 返回值：time
 * /
double flyTimeCompute(double distance, double velocity, double seta)
{
    double time;
    time=distance/(velocity * cos(seta));
    return time;
}
/ *
 * 函数名：verHeightCompute
 * 功    能：计算飞行时间和垂直高度
 * 输    入：velocity 炮弹速度(米/秒)
            seta 发射仰角(弧度)
            time 炮弹飞行时间(秒)
            t 某时刻(秒)
 * 输    出：炮弹垂直高度 verHight
 * 返回值：flyHeight
 * /
double verHeightCompute(double velocity, double seta, double time, double t)
{
    double flyHeight;
    flyHeight=velocity * sin(seta) * time-g * t * t/2;
    return flyHeight;
}

main()
{
    double distance, velocity, seta, t;
    double time, verHeight;
    printf("请输入水平距离、炮弹速度、发射仰角、某时刻的值:");
    scanf("%lf%lf%lf%lf",&distance,&velocity,&seta,&t);
    time=flyTimeCompute(distance, velocity, seta);
    verHeight=verHeightCompute(velocity, seta, time, t);
    printf("炮弹飞行时间为%lf,垂直高度为%lf.\n",time,verHeight);
}
```

提示：首先分析问题，构建适合问题描述的数学表达式，分别构建时间和高度的子函数。子程序变量定义需要规范化，便于程序阅读和调用。主程序中涉及键盘输入和结果输出的程序行需要提示语句，体现程序设计的友好性。

5.

程序代码如下：

```c
//计算空气阻力
#include <stdio.h>
#define ROU 1.23
/*
    * 函数名：getF
    * 功    能：计算空气阻力
    * 输    入：area 面积(平方米)
                cd 空气阻力系数(无量纲)
                velocity 行驶速度(米/秒)
    * 输    出：无
    * 返回值：空气阻力
    */
float getF(float area, float cd, float velocity)
{
    return 0.5 * ROU * area * cd * velocity * velocity;
}
main()
{
    float a, cd, v;
    int i;
    printf("请输入车的投影面积(平方米):");    //输入车投影
    scanf("%f", &a);
    printf("请输入空气阻力系数(0.2~0.5):\n");
    scanf("%f", &cd);
    for(i=0; i<=20; i++)                      //循环语句输出速度 0~ 20m/s 的空气阻力
    {
        v=i;
        printf("速度为%dm/s 时的空气阻力为%f 牛顿\n", i, getF(a, cd, v));
    }
}
```

提示：首先分析问题，构建适合问题描述的数学表达式，由主函数调用运动阻力计算函数，在 C 语言中适合使用宏定义的方法定义常量参数 ROU。在主函数中声明变量后，必须使用循环语句来输出速度范围为 $0 \sim 20 \text{m/s}$ 的运动阻力值，其中可以在输出语句中调用运动阻力计算函数。主程序中涉及键盘输入和结果输出的程序行需要提示语句，体现程序设计的友好性。

实验 12

1.

```cpp
#include <iostream>
```

```cpp
#include <string>
#define NumofStu 5
using namespace std;

//学生类
//私有成员变量
class Student
{
private:
    string Id;
    string Name;
    double Math;
    double English;
    double Computer;
    double Sum;
public:
    Initial();
    run();
};
Student stu[NumofStu];
Student::Initial()
{
    int i;
    cout<<"请分别输入 5 个学生的学号、姓名及数学、英语和计算机三科成绩"<<endl;
    cout<<"Id    "<<"Name   "<<"Math "<<"English   "<<"Computer"<<endl;
    for(i=0;i<NumofStu;i++)
    {
        //C++::输入流
        cin>>stu[i].Id>>stu[i].Name>>stu[i].Math>>stu[i].English>>stu[i].
        Computer;
    }
}
Student::run()
{
    int i,m;
    double max=0;
    //求最大值
    for(i=0;i<NumofStu;i++)
    {
        stu[i].Sum=stu[i].Math+stu[i].English+stu[i].Computer;
        if(stu[i].Sum>max)
        {
            max=stu[i].Sum;
            m=i;
```

```
        }
    }
    cout<<endl;
    cout<<"总分最高的学生成绩为: "<<endl;
    cout<<"Id   "<<"Name   "<<"Math   "<<"English   "<<"Computer"<<endl;
    cout<<stu[m].Id<<" "<<stu[m].Name<<" "<<stu[m].Math<<" "<<stu[m].English
    <<" "<<stu[m].Computer<<" "<<endl;
}
void main()
{
    Student stu;
    stu.Initial();
    stu.run();
}
```

提示：首先分析问题，构建学生类和成员函数。对 C++ 程序使用输入输出流标识符，例如 cout≪和 cin≫时，命名空间用关键字 namespace 定义。程序输入和输出增加提示性语句，程序关键算法和循环体部分需要增加行注释，便于更好地阅读和理解程序代码。

3.

```
#include <iostream>
#define Pi 3.1415927
using namespace std;
class Shape
{
public:
    Shape()
    {
    }
    virtual CalculateArea()              //虚函数,计算面积
    {
        area=0;
    }
    void display()
    {
        cout<<"面积:"<<area<<endl;
    }
protected:                              //受保护的成员变量
    double area;
    double r,width,height;
};

class Circle:public Shape              //Circle类由 Shape 类派生
{
```

```
public:
    Circle(double rCircle)
    {
        r=rCircle;
    }
    virtual CalculateArea()                    //虚函数,计算面积
    {
        area=Pi * r * r;                       //计算圆面积
    }
};
class Rectangle:public Shape                    //Rectangle 类由 Shape 类派生
{
public:
    Rectangle(double widthRec, double heightRec)
    {
        width=widthRec;
        height=heightRec;
    }
    virtual CalculateArea()                    //虚函数,计算面积
    {
        area=width * height;                   //计算矩形面积
    }
};
void main()
{
    Circle cl(2.0);                            //圆派生类的初始值
    cl.CalculateArea();
    Rectangle rt(3.0,4.0);                     //矩形派生类的初始值
    rt.CalculateArea();
    cl.display();
    rt.display();
}
```

提示：首先分析问题,构建形状类和成员函数。理解虚函数的执行过程,理解派生类的定义方法和面向对象的内涵。对程序进行功能性描述,在关键成员函数定义和面积计算的执行语句的位置上增加注释语句,便于阅读和理解程序代码。

实验 13

1.

```
#include <stdio.h>
#include <stdlib.h>
#include <string.h>
```

```c
#define MPICH_SKIP_MPICXX              //避开由 mpicxx.h 导致的编译错误
#include "mpi.h"                       //包含 MPI 函数库
int main( int argc, char * argv[] )
{
    int rank;                          //当前进程标识
    int nRet;                          //返回值
    int nProcess;                      //进程数量
    int source;                        //源进程表示
    int dest;                          //目标进程标识
    int tag=0 ;                        //消息标识
    char message[128];                 //消息存储区
    MPI_Status status;                 //消息接收状态
    //初始化 MPI 环境
    nRet=MPI_Init(&argc, &argv);
    if(nRet!=MPI_SUCCESS)
    {
        printf(" Call MPI_Init failed !\n");
        exit(0);
    }
    //获得当前空间进程数量
    MPI_Comm_size(MPI_COMM_WORLD,&nProcess);
    //获得当前进程 ID
    nRet=MPI_Comm_rank(MPI_COMM_WORLD,&rank);
    if(nRet!=MPI_SUCCESS)
    {
        printf("Call MPI_Comm_rank failed!\n");
        exit(0);
    }
    if(rank!=0)
    {
        //当前进程不是 0 号进程
        sprintf(message,"你好 0 进程,来自进程%d 的问候!",rank);
        //目标进程为 0 号
        dest=0;
        //向进程 0 发送消息,由于包括字符串结束标志\0
        //所以字符数量应当为 strlen(message)+1
        MPI_Send(message,strlen(message)+1,MPI_CHAR,dest,tag,MPI_COMM_WORLD);
    }
    else
    {
        for(source=1;source<nProcess;source++)
        {
            //接收所有消息
            MPI_Recv(message,100,MPI_CHAR,source,tag,MPI_COMM_WORLD,&status);
```

```
            //输出消息
            printf("%s\n",message);
        }
    }
    //退出 MPI 环境
    MPI_Finalize();
    return 0;
}
```

实验 14

1.

```
/ * *********************************************
 * 文件名：Factorandsum.c
 * 作　者：Minghai Jiao
 * 日　期：2016 年 11 月 1 日
 *
 * 描　述：本文件要求从程序循环输入 10 个整数,
 *        求阶乘和后输出结果
 *
 * 修　改：Minghai Jiao 2016 年 11 月 1 日规范了
 *        子函数命名,规范了返回值变量命名,
 *        规范了输出格式,增加了注释
 *
 ********************************************* * /
# include <stdio.h>
/ *
阶乘运算的子函数
函数名：Factor
参数：n
调用函数：main
返回值：ret
 * /
double Factor(int n)
{
    //初始化阶乘变量
    double ret=1;
    //当循环次数小于等于 n 次时进行循环
    for(int i=2; i<=n; i++)
        ret * =i;
    //输出每次阶乘的结果
    printf("%lf\n", ret);
```

```
        return ret;
}
int main()
{
    //初始化输入变量、和值变量及循环变量
    int         n=20;
    double      result_sum=0;
    //当循环次数小于或等于n次时进行循环
    for(int i=1; i <=n; i++)
    {
        //阶乘的累加和
        result_sum+=Factor(i);
    }
    //输出最终的阶乘和的结果
    printf("阶乘和=%lf\n", result_sum);
    return 0;
}
```

基本概念测试参考答案及解析

测试 1 参考答案及解析

选择题参考答案

（1）答案：B

N-S 图是一种符合结构化程序设计原则的图形描述工具。它的提出是为了避免流程图在描述程序逻辑时的随意性和灵活性。

（2）答案：B

结构化程序设计方法的主要原则可以概括为自顶向下逐步求精、模块化以及采用顺序结构、选择结构和循环结构表示程序逻辑。

（3）答案：A

算法的有穷性是指一个算法必须在执行有穷步之后结束，且每一步都在有限时间内完成，即运行时间是有限的。

（4）答案：C

算法具有的 5 个特性是：有穷性；确定性；可行性；有 0 个或多个输入；有一个或多个输出。所以说，用 C 程序实现的算法可以没有输入，但必须有输出。

（5）答案：C

常用的高级程序设计语言有 C、Java、C++ 等，汇编语言属于面向机器的语言，不属于高级语言。

（6）答案：C

算法的时间复杂度是指执行算法所需要的计算工作量，即算法执行过程中所需要的基本运算的次数，这些基本运算在不同的计算机上所需要的时间是不同的。

（7）答案：D

软件是程序、数据与相关文档的集合。

（8）答案：B

内存用于存放正在处理的数据和程序，计算机所有准备执行的程序指令必须先调入内存中才能执行。

（9）答案：D

滥用 goto 语句将使程序流程无规律，可读性差，A 错误；注释行有利于对程序的理解，不应减少或取消，B 错误；程序的长短要依照实际情况而论，而不是越短越好，C 错误。

(10) 答案: A

程序执行的效率与很多因素有关,如数据的存储结构、程序所处理的数据量、程序所采用的算法等。例如,顺序存储结构在数据插入和删除操作上的效率比链式存储结构低。

(11) 答案: A

当今主导的程序设计风格是"清晰第一,效率第二"的观点。结构化程序设计思想提出之前,在程序设计中曾强调程序的效率,而在实际应用中,人们更注重程序的可理解性。

(12) 答案: D

算法的复杂度主要包括算法的时间复杂度和算法的空间复杂度。所谓算法的时间复杂度是指执行算法所需要的计算工作量;算法的空间复杂度是指执行这个算法所需要的内存空间。

(13) 答案: D

一个 C 语言的源程序(后缀名为 c)在经过编译器编译后,先生成一个汇编语言程序,然后由编译程序再将汇编语言程序翻译成机器指令程序,即目标程序(后缀名为 obj),目标程序不可以直接运行,它要和库函数或其他目标程序连接成可执行文件(后缀名为 exe)后方可运行。

(14) 答案: C

在 C 语言中,注释可以加在程序中的任何位置,A 错误;一个 C 语言源程序文件是由一个或多个函数组成的,D 错误。C 程序的书写风格很自由,不但一行可以写多个语句,还可以将一个语句写在多行中。所以正确答案选 C。

(15) 答案: A

C 语言是函数式的语言。它的基本组成单位是函数,在 C 语言中任何程序都是由一个或者多个函数组成的。

测试 2 参考答案及解析

选择题参考答案

(1) 答案: B

C 语言规定标识符只能由字母、数字和下画线 3 种字符组成,且第一个字符必须为字母或下画线,排除选项 C 和 D;C 语言中还规定标识符不能为 C 语言的关键字,而选项 A 中 void 为关键字,故排除选项 A。

(2) 答案: A

选项 B 中,以 0 开头表示是一个八进制数,而八进制数的取值范围是 0~7,所以 −080 是不合法的;选项 C 和 D 中,e 后面的指数必须是整数,所以也不合法。

(3) 答案: B

本题考查变量的定义方法。如果一次进行多个变量的定义,则在它们之间要用逗号隔开,因此选项 A 和 D 错误。在选项 C 中,变量 c 未进行类型定义和初始化,不能来对变量 b 进行类型定义,故选项 C 错误。

（4）答案：B

C语言的语法规定，字母 e/E 之前必须有数字，且 e/E 后面的指数必须是整数，而选项 B 中，e 后面的指数是小数，所以不合法。

（5）答案：C

C语言规定的标识符只能由字母、数字和下画线 3 种字符组成，第一个字符必须为字母或下画线，并且不能使用 C 语言中的关键字作为标识符。选项 C 中 goto 和 int 是关键字，b－a 中'－'不是组成标识符的 3 种字符之一。

（6）答案：B

在 C 语言程序中，用单引号把一个字符或反斜线后跟一个特定的字符括起来表示一个字符常量。选项 A、C 和 D 为正确的字符常量，而选项 B 是用双引号括起来的字符，表示一个字符串常量。

（7）答案：A

字符常量用单引号，所以选项 B、C 错误；字符常量的的范围是 0~127，选项 D 错误。

（8）答案：C

字符串常量"hello"占 6B 的内存空间，其中最后一个字节保存字符串结束标志'\0'。

（9）答案：A

C语言规定指数形式的实型数 e 或 E 后面的指数必须是整数，B 错误；do 是 C 语言的一个关键字，不能再用作变量名和函数名，C 错误；标识符的第一个字符必须是字母或者下画线，D 错误。

（10）答案：B

'\39'是八进制形式表示的字符，最大数为 7，但其中出现 9，错误。

（11）答案：B

在 C 语言中，用 e 来表示科学记数法时，规定在 e 后面的数字必须为整数。

（12）答案：D

字符串常量是由一对双引号""括起来的由 0 个或多个字符组成的字符序列。

（13）答案：D

标识符是由字母、数字或下画线组成，并且它的第一个字符必须是字母或者下画线。D 选项以数字开头，所以错误。

测试 3 参考答案及解析

一、选择题参考答案

（1）答案：D

输出格式控制符%c 表示将变量以字符的形式输出；输出格式控制符%d 表示将变量以带符号的十进制整型数输出，所以第一个输出语句输出的结果为"a,97,"；第二个输出语句输出的结果为 k=12。

（2）答案：D

C语言中区分大小写，所以 APH 和 aph 是两个不同的变量。通过键盘可以向计算机输入允许的任何类型的数据。

（3）答案：A

在 C 语言中，％运算符两侧的运算数必须是整型。

（4）答案：A

％运算符两侧都应当是整型数据，选项 B 错误；赋值运算符左侧的操作数必须是一个变量，而不能是表达式或者常量，选项 C 和 D 错误。

（5）答案：B

本题考查赋值运算符，表达式 x－＝x＋x 可转化为 x＝x－（x＋x），因 x＝10，代入表达式得到 x＝－10，选 B。

（6）答案：C

赋值表达式的左侧不能是表达式，选项 A 错误；求余运算符％两边的运算对象必须是整型，而选项 B 和 D 错误；选项 C 是一个逗号表达式，正确。

（7）答案：C

本题考查按位与 & 运算。因为 1&1＝1，0&0＝0，所以任何数与自身按位与，结果仍为此数，不发生变化。

（8）答案：A

本题考查的是位运算的知识，对于任何二进制数，和 1 进行异或运算都会让其取反，而和 0 进行异或运算不会产生任何变化，故本题答案选 A。

（9）答案：D

顺序、选择、循环是结构化程序设计语言的 3 种基本结构。

（10）答案：B

在 C 语言中规定进行强制类型转换的格式是"（类型名）变量名"，并且赋值运算符的左侧不能是表达式。

（11）答案：D

本题考查 scanf 函数的使用方法，在有多个输入项时，如果格式控制字符串中没有普通字符或转义字符作为读入数据之间的分隔符，则一般采用空格符、制表符或回车键作为读入数据的分隔符。对 scanf 函数，如果格式控制字符串中的说明符之间包含其他字符，那么在输入数据时，必须在相应位置读入这些字符。

（12）答案：C

本题考查按位异或运算，异或就是相同为 0，不同为 1。八进制数 015 的二进制为 00001101，八进制数 017 的二进制为 000001111，两者异或结果为 00000010。

（13）答案：A

执行 x＝x－＝x－x 语句可写成 x＝x－（x－x），可看出结果为 10，故 A 选项正确。

（14）答案：A

因为 x＝'f'，所以写成'A'＋（x－'a'＋1）＝'A'＋（'f'－'a'＋1）＝'A'＋6＝'G'，故选择 A 选项。

（15）答案：A

在 C 语言中，字符都是以其对应的 ASCII 码值来参加算术运算的，但字符间的相对位置关系还是不变的,字符 5 和字符 1 的 ASCII 码值相差仍是 4。

(16) 答案:C

%o 表示八进制无符号型输出整型数据(不带前导 O),%x 表示以十六进制无符号型输出整型数据(不带前导 ox 或 OX),%d 表示输出带符号的十进制整型数。

(17) 答案:C

本题考查函数的输出格式。在 printf 函数中,由一对双引号""括起来的格式控制字符串用以指定数据的输出格式,由格式控制字符和普通字符组成。其中,转换说明符和百分号(%)一起使用,用以说明输出数据的数据类型,普通字符原样输出。

(18) 答案:C

根据赋值运算的类型转换规则,先将 double 型的常量 1.2 转换为 int 型,因为 x 的类型是 int,则 x 的值为 1;执行语句 y=(x+3.8)/5.0 时,即先将整型变量 x 的值 1 转换为 double 型 1.0,然后与 3.8 相加得 4.8,进行除法运算 4.8/5.0,因为计算结果赋给整型变量 y,所以 y 的值为 0,d*y 的值也为 0,故选 C 选项。

(19) 答案:D

本题考查两个知识点:按位异或和左移,c=a^(b<<2)=a^(000010<<2)=a^001000=0000001^001000=9,故选择 D。

(20) 答案:C

先输出 a。\b 表示光标退一格,当执行到 \b 时,光标退一格,将已输出的 a 删除。接着输出 re'hi'y\(反斜杠后又加一个反斜杠的意思是要输出一个反斜杠)。然后执行 \b,反斜杠被删除。最后输出 ou。

二、填空题参考答案

(1) 答案:a

'z' 的 ASCII 码值为 122,经过 c-25 运算后,得 97,以字符形式输出是 a。

(2) 答案:3

本题考查的是 C 语言逗号表达式的相关知识。程序在计算逗号表达式时,从左到右计算由逗号分隔的各表达式的值,整个逗号表达式的值等于其中最后一个表达式的值。本题中,首先 i 被赋值为 2,再自加 1,返回表达式的值 3,最后 i 的值加 1 为 4。

(3) 答案:b,b

++a 与 a++ 的区别是:前者先自加再运算,后者先运算再自加。

(4) 答案:13

本题考查逗号表达式。程序输出时输出一个 %d,所以输出结果为 13。逗号表达式是从左往右计算,整个式子的值是最后一个表达式的值。a=2*3=6;a*5=30,不改变 a 的值;a+5=13,因此输出结果为 13。

(5) 答案:10,10

本题中自增语句为 x++,++ 在后面,要先输出 x 的值 10,在 printf 语句执行之后再进行加 1 操作。

测试 4 参考答案及解析

一、选择题参考答案

(1) 答案：B

满足表达式 c>=2&&c<=6 的整型变量 c 的值是 2、3、4、5、6。当变量 c 的值不为 2、4、6 时，其值只能为 3 或 5，所以表达式 c!＝3 和 c!＝5 中至少有一个为真，即不论 c 为何值，选项 B 中的表达式都为"真"。

(2) 答案：B

C 语言的字符以其 ASCII 码的形式存在，所以要确定某个字符是大写字母，只要确定它的 ASCII 码在'A'和'Z'之间就可以了，选项 A 和 C 符合要求。函数 isalpha 用来确定一个字符是否为字母，大写字母的 ASCII 码值的范围为 65～90，所以如果一个字母的 ASCII 码值小于 91，那么就能确定它是大写字母。

(3) 答案：B

在 C 语言中，变量不等于零被视为逻辑真，只有变量等于零被视为逻辑假。

(4) 答案：B

两个 if 语句的判断条件都不满足，程序只执行了 c＝a 这条语句，所以变量 c 的值等于 3，变量 b 的值没能变化，程序输出的结果为"3,5,3"。所以正确答案为 B。

(5) 答案：B

在进行 if 语句判断之前，min 的值为 12。min>b 成立，min 中的值被更新为－34。－34 小于 56，第二个 if 语句的表达式不成立，因此不执行 min＝c;，min 中的值仍为－34。

(6) 答案：C

switch 语句括号中可以是任何表达式，取其整数部分与各常量表达式进行比较。常量表达式中不能出现变量，且类型必须是整型、字符型或枚举型，各常量表达式均不同。

(7) 答案：D

程序执行过程为：首先计算 if 后面一对圆括号内表达式的值，表达式的值为逻辑真，执行第二个 if 子句，y<0 不成立，C 语言的语法规定，else 子句总是与前面最近的不带 else 的 if 匹配，与书写格式无关，本题的 else 与第二个 if 匹配，执行了 z+＝1 语句，z 的值变为 9。

(8) 答案：B

本题中 a 的值为 6，b 的值为 8，最后 s 的值为 8，s * ＝s 等价于 s＝s * s。

(9) 答案：D

switch 结构中，程序执行完一个 case 标号的内容后，如果没有 break 语句，控制结构会转移到下一个 case 继续执行。本题程序在执行完内部 switch 结构后，继续执行了外部 switch 结构的 case 2 分支。

(10) 答案：D

表达式一般是关系表达式或逻辑表达式，用于描述选择结构的条件，但也可以是其他类型的表达式,只要其合法,在其值非0时都视为逻辑真。

(11) 答案:B

在C语言中,为了避免语句的二义性,规定else总是与它前面最近的未配对的if配对。

(12) 答案:A

本题包含了3个if语句,每个if语句后的{ }都不可省略,因为每个{ }中都包含了多条语句,输出的每个数据宽度为5个空格,小数部分保留2位,数据右对齐。

(13) 答案:D

选项D为两条语句。

(14) 答案:C

本题中m=5,因此执行else语句,输出语句中的自减操作m——,是先输出m=5,再对m进行自减。所以正确答案为C。

(15) 答案:B

本题中的if语句中x——=5,不小于5,因此执行else语句。在if语句中,x进行自减操作,因此x=4。当执行else语句时,先输出x,后进行自增运算。

(16) 答案:A

本题中i等于3,从case 3开始执行,因为没有break,一直执行到switch结束。因此a=2+3+5=10。

(17) 答案:C

本题中a>b,执行a>c? a:c,因a>c不成立,输出c。

(18) 答案:C

本题中j++为2。因为是逻辑或运算,不再执行k++。因为是逻辑与运算,必须执行i++。因此i=2,j=2,k=2。

(19) 答案:D

由m=(w<x)? w : x;可知m=1。由m=(m<y)? m : y;可知m=1。由m=(m<z)? m:z;可知m=1。所以正确答案为D。

(20) 答案:D

if括号里面表达式的值是0则为逻辑假,非0则为逻辑真。

二、填空题参考答案

(1) 答案:1,0

与运算两边的语句必须同时为真时,结果才为真。如果左侧的表达式结果为假,则不需要再判断右侧表达式的值了。

(2) 答案:3

C语言的语法规定,else子句总是与前面最近的不带else的if配对。

(3) 答案:YES

表达式'm'<c<='z'解释为:'m'<c为0(逻辑假),0<='z'为逻辑真。

(4) 答案:3

a%3值为1,执行case 1:m++;以及后面的语句。b%2值为1,执行default:

m++;以及后面的语句。

(5) 答案：max=56

本题是经典的求最大值的程序。

(6) 答案：7.0

3.0 小于 4.0,因此表达式 c>d 不成立,执行第二个 if…else 语句。3.0 不等于 4.0,因此表达式 c==d 不成立,执行 c=7.0,将 7.0 赋给 c,此时 c 中的值为 7.0。

(7) 答案：70—80　60—70

执行 switch 语句中与 case 后的常量匹配后,从其后的语句开始往下执行程序,在执行过程中不再进行匹配,直至遇到 break 语句。

(8) 答案：2

在执行逻辑表达式 j!=ch&&i++时,首先判断 j!=ch 的值,因为 ch='＄'为真,继续计算表达式 i++的值,i 的值变为 2。

(9) 答案：2

本题考查简单的 if…else 语句。先执行条件 if(a<b),显然不成立,因此执行 else 语句。

测试 5 参考答案及解析

一、选择题参考答案

(1) 答案：D

本题是计算 50 以内的能同时被 5 和 3 整除的数之和,1~49 之间满足这个条件的只有 15、30 和 45,因为 s 的初始值为 1,所以 s=1+15+30+45=91。

(2) 答案：B

continue 语句的作用是跳过本次循环体中余下尚未执行的语句,接着再一次进行循环条件的判定。当能被 2 整除时,a 就会增 1,之后执行 continue 语句,跳过 b++语句,执行 i++,重新判断循环条件。

(3) 答案：C

本题中,for 循环从 i=0 开始,到 i=5。当 i=6 时,不满足 i<6 的条件,所以共输出 6 个 *。

(4) 答案：C

当 y 的值为 9、6 或 3 时,if 语句的条件成立,执行输出语句,输出表达式——y 的值,y 的自减要先于输出语句执行,故输出结果为 852。

(5) 答案：B

t=1 是将 t 赋值为 1,所以循环控制表达式的值为 1。判断 t 是否等于 1 时应该用 t==1,注意=与==的用法。

(6) 答案：B

本题中,!表示逻辑非运算符,!=表示不等于运算符,逻辑非运算符比不等于运算符的优先级高。

（7）答案：C

do…while 语句的一般形式为：do 循环体语句 while（表达式）；。其中，循环体语句可以是复合型语句，但必须用花括号括起来；while 后必须有分号作为语句的结束。

（8）答案：B

对于 do…while 循环，程序先执行一次循环体，再判断循环是否继续。本题先输出一次 i 的值 0，再接着判断表达式 i＋＋的值，其值为 0，所以循环结束。此时变量 i 的值经过自加已经变为 1，程序再次输出 i 的值 1。

（9）答案：A

本题主要考查 switch 语句的使用方法，注意 break 语句的作用。

（10）答案：B

本题考查循环语句的嵌套以及条件的判断问题。在程序中，内层循环判断条件为 j＜＝i，而 j 的初值为 3，故当 i 的值为 1 和 2 时，内层循环体都不会被执行。只有当 i 和 j 都等于 3 时才会执行一次。m 的值为 55，对 3 取模，计算结果为 1。

（11）答案：A

第一次循环进入 switch 语句时，执行 default 语句，k＝4，接着执行 case 4 分支，结果是"n＝2，k＝3"，输出 2；第二次循环，执行 case 3 分支，结果是"n＝3，k＝2"，输出 3；第三次循环，执行 case 2 分支，结果是"n＝5，k＝1"，输出 5；因为 n＝5 不满足 n＜5 的循环条件，因此退出循环，程序结束。

（12）答案：B

第一次进入循环时，n 的值是 9，循环体内，先经过 n－－运算，n 的值变为 8，所以第一次的输出值是 8，循环执行 3 次，因此输出 876。

（13）答案：A

本题考查 continue 和 break 语句在循环语句中的作用。break 语句的作用是结束本层循环，而 continue 语句的作用是结束本次循环，直接进入下一次循环。

（14）答案：D

本题中，程序每执行一次循环，x 的值减 2，循环共执行 4 次。当 x 的值为 8、4、2 时，if 语句条件成立，printf 语句先输出 x 的值，再将 x 的值减 1。而当 x 为 6 时，程序先将 x 的值减 1，再将其输出。

（15）答案：A

选项 A 中变量 n 的值先自加 1，再进行循环条件判断，此时循环条件 n＜＝0 不成立，跳出循环。

（16）答案：A

本题 k 初始值为 0，当进入循环的判断表达式后 k 的值为 1，为真。因为判断表达式是一个赋值表达式，每次循环执行完之后，k 的值总是被赋值为 1，判断表达式一直为真，所以执行无限次。

（17）答案：C

continue 是结束当前循环，后面的语句不执行，跳到循环开始的地方执行下一次循环；break 是直接结束循环；switch 和 if 是条件语句。

（18）答案：C

当 i＝0,j＝1 时执行一次。然后执行控制语句 i＝2,j＝0,通过条件语句判定。可知 i<＝j+1 不成立,因此只执行一次。

（19）答案：C

每次循环都会执行 num++。第一次循环后 num＝1,第二次循环后 num＝2,第三次循环后 num＝3。

（20）答案：A

i 循环 5 次。因此 sum＝1+2+3+4+5＝15。

二、填空题参考答案

（1）答案：1　3　5

本题考查 for 循环语句的使用,break 语句用在本题中是结束 for 循环直接跳出循环体外。当 i＝5 时,if 语句条件满足,所以执行 printf("%d\n",i);输出 5,然后执行 break 语句跳出 for 循环。

（2）答案：k<＝n
　　　　　k++

本题要求将一个 for 循环改成 while 循环。首先要保证循环条件相同。在 for 循环中,每次执行循环之后,循环控制变量 k 都会加 1,而 while 循环则需在循环体中增加改变 k 数值的语句 k++;。

（3）答案：ACE

在本题中,for 循环体每执行完一次,变量 i 的值自加两次。i 的初值为'a',执行一次循环后变为'c',再一次执行循环后变为'e',当其变为'g'时,循环条件不满足,循环终止,故本题共输出 3 个字符。表达式 i−'a'+'A'即表示输出 i 对应的大写字母,结果为 ACE。

（4）答案：#＃2#＃4

在 for 循环语句中,自变量 k 的自增表达式为"k++,k++,",这是一个逗号表达式,所以输出结果为#＃2#＃4。

（5）答案：3,7

循环条件 n<3,因此 sum 减去 1 和 2 各一次,第一个不符合循环条件的 n 值为 3。

测试 6 参考答案及解析

一、选择题参考答案

（1）答案：D

用数组名[下标]引用数组元素时,[]中的下标为逻辑地址下标,只能为整数,可以为变量,且从 0 开始计数。int a[10]表示定义了一个包含 10 个整型数据的数组 a,数组元素的逻辑地址下标范围为 0～9。

（2）答案：C

本题考查的是二维数组的定义和初始化方法。C 语言中,在定义并初始化二维数组时,可以省略数组第一维的长度,但是不能省略第二维的长度。故选项 C 错误。

(3) 答案:D

在格式输入中,要求给出的是变量的地址,而 D 答案中给出的 s[1] 是一个值的表达式。

(4) 答案:B

选项 A 中,定义的初值个数大于数组的长度;选项 C 中,数组名后少了中括号;选项 D 中,整型数组不能赋予字符串。

(5) 答案:B

数组 q 的初始化字符数小于数组长度,因此会填充数字 0,即字符串结束标记。

(6) 答案:B

选项 B 中定义了 5 个元素,但赋值时有 6 个元素,所以是错误的。

(7) 答案:C

用数组名[下标][下标]引用二维数组元素时,[ ]中的下标为逻辑地址下标,只能为整数,可以为变量,且从 0 开始计数,第一个[下标]表示行逻辑地址下标,第二个[下标]表示列逻辑地址下标。

(8) 答案:A

数组 c[ ][4] 表示一个每行有 4 列的数组,c[2][2] 表示第 3 行第 3 列上的元素 62,c[1][1] 表示第 2 行第 2 列上的元素 6,通过十六进制输出为"3e,6"。

(9) 答案:C

先算 a[a[i]] 内层的 a[i],由于 i=10,因此 a[i] 等于 a[10]。a[10] 对应数组中的 9,因此 a[a[i]] 即为 a[9],a[9] 对应的数组为 6,因此 a[a[i]] 等于 6。

(10) 答案:D

C 语言中数组下标是从 0 开始的,所以二维数组 a[2][3] 的第一维下标取值为 0、1,第二维下标取值为 0、1、2,因而选项 A、B、C 都是错误的,选项 D 表示数组元素 a[0][0]。

(11) 答案:B

C 语言中,字符串后面需要一个结束标志位'\0',通常系统会自动添加。因此数组 x 的长度为 6。

(12) 答案:B

二维数组的一维大小即为二维数组的行数。在本题中,按行给二维数组赋值。因此内层有几个大括号,数组就有几行。

(13) 答案:B

选项 B 等号右边初始化分了 3 行,大于等号左边数组的行数 2。

(14) 答案:C

选项 B、D 中,常量表达式只能放在中括号[ ]中。选项 A 中,数组应使用{ }对其初始化。

(15) 答案:C

函数调用 strcat(s1,s2) 是将 s2 字符串连接到 s1 字符串之后,strcpy(s1,s2) 是将

s2 字符串复制到 s1 字符串，使 s1 字符串的内容与 s2 字符串的内容相同。函数调用 strcat(strcpy(str1,str2),str3) 是先执行 strcpy(str1,str2)，然后再执行 strcat(str1, str3)。

（16）答案：D

count 表示能被 2 或 5 整除的数的个数，i 则计算有多少个数组元素。

（17）答案：A

在 C 语言中，字符串是指在有效字符之后有字符序列结束标记符的字符序列，并约定字符串的长度是指字符序列中有效字符个数，不包括字符串的结束标记符。存放于字符数组 s 中的字符串是 string，该字符串的长度为 6。

（18）答案：B

scanf() 语句用空格区别不同的字符串；getc() 与 getchar() 语句不能用于字符串的读入。

（19）答案：D

通过赋初值的方式给一维数组赋字符串，可以用给一般数组赋初值的相同方式给一维字符数组赋字符串，也可以在赋值时直接赋字符串常量。

（20）答案：B

getchar 函数的作用是从终端读入一个字符。

二、填空题参考答案

（1）答案：2
1

计算机存储一个字符用 1 个字节，存储字符串时，每个字符要占用 1 个字节，另在字符串的有效字符之后存储 1 个字符串的结束标记符。所以存储字符串 X 要占用 2 个字节，存储字符 X 只要 1 个字节。

（2）答案：k=p

要寻找数组中的最大元素的下标，需先预设一个临时最大元素的下标，并顺序逐一考查数组的元素，当发现当前元素比临时最大元素更大时，就用当前元素的下标更新临时最大元素下标。程序中，存储临时最大元素下标的变量是 k，变量 p 控制顺序考查的循环控制变量。当发现当前元素 s[p] 比临时最大元素 s[k] 更大时，应该用 p 更新 k。

（3）答案：18 10

已知数组共有 3 行 3 列，第一行依次是 9、7、5，第二行是 3、1、2，第三行是 4、6、8。外循环控制变量 i 是数组的行下标，内循环控制变量 j 是数组的列下标。循环体的工作是：将行下标 i 和列下标 j 相同的元素累计到 s1，s1=a[0][0]+a[1][1]+a[2][2]；将行下标 i 与列下标 j 的和为 2 的元素累计到 s2，s2=a[0][2]+a[1][1]+a[2][0]。所以 s1 是 18，s2 是 10。程序输出"18,10"。

（4）答案：6385

该程序首先从 ch[0] 所指向的字符串 6937 中取出下标为奇数的字符，分别是 6 和 3，然后从 ch[1] 所指向的字符串 8254 中取出下标为奇数的字符，分别是 8 和 5，同时经过转换和相加运算后，结果 s 中的值应该是 6385。

（5）答案：27

通过分析可知，程序中的二维数组所有元素初始化值都为 0。之后通过双重循环对二维数组前 3 行前 3 列元素赋值如下，其余元素值仍为 0。

```
0    1    2
2    3    4
4    5    6
```

最后，遍历整个二维数组，求得所有元素和为 27。

（6）答案：4 3 3 2

在 for(i＝0;i<12;i＋＋) c[s[i]]＋＋;中，数组元素 s[i] 的值作为数组 c 的下标。当退出循环时，数组 c 的 4 个元素的值分别为 4、3、3、2。

测试 7 参考答案及解析

一、选择题参考答案

（1）答案：C

本题中，通过数组初始化，数组 p 的长度为 3，元素值分别为 'a', 'b', 'c'，数组 q 的长度为 10，前 3 个元素值为 'a', 'b', 'c'，未赋初值的元素初始化为 0('\0')。输出时 p[0] 对应数组 p 的第一个元素，输出为 a，以 %s 格式输出数组 q 的全部元素，遇到 '\0' 为止，输出结果为 abc。

（2）答案：A

将函数 ADD(x) 中的 x 用 m＋n 即 3 替换，函数返回值为 6，sum＝6 * 3＝18。

（3）答案：C

函数 int f(int x) 是一个递归函数调用，当 x 的值等于 0 或 1 时，函数值等于 3，其他情况下 y＝x * x－f(x－2)，所以，在主函数中执行语句 z＝f(3) 时，y＝3 * 3－f(3－1)＝9－f(1)＝9－3＝6。

（4）答案：B

表达式"a＋＋,b＋＋,a＋b"是一个逗号表达式，最后一个表达式的值就是逗号表达式的结果，所以表达式"a＋＋,b＋＋,a＋b"的值为 5，即 fun 函数中的形参 x 的值为 5；表达式 c＋＋先把变量 c 的值传给形参 y，然后 c 的值加 1，所以 y 的值为 2。因此，函数 fun((a＋＋,b＋＋,a＋b),c＋＋) 的返回值为 7。

（5）答案：A

数组名代表一段数据存储区的起始地址，即数组的首地址。

（6）答案：C

C 语言程序总是从 main 函数开始执行。main 函数可以不放在程序的开始部分，它是程序的主入口。

（7）答案：D

函数的静态局部变量只赋一次初值，以后每次调用函数时不再重新赋值，而只是保留上次函数调用结束时的值。

(8) 答案：A

本程序考查的是函数的递归调用,在调用一个函数的过程中又直接或间接地调用该函数本身,称为函数的递归调用,执行结果为 $1+2+3+4+5+6+7+8+9+10=55$。

(9) 答案：A

函数的返回值类型由函数定义时指定的类型决定。

(10) 答案：B

由于在 main 函数中,变量 i=4,所以就调用 fun(4),则输出"m=4 k=4"。然后变量 k 增 1 等于 5,变量 i 增 1 等于 5,所以 main 函数的"printf("i=%d k=%d\n",i,k);"语句输出"i=5 k=5"。

(11) 答案：A

C 语言规定,调用函数时,只能把实参的值传递给函数的形参。C 语言虽然可以递归调用,但同时规定,在函数内不能再定义函数,所以叙述 B 是错误的。通常 C 函数会有返回值,但也可以没有返回值,所以叙述 C 是不正确的。在 C 程序中,可以调用外部函数,所以叙述 D 也是不正确的。

(12) 答案：B

已知"a=3,b=5;"在 min 函数中计算,因为 3>5 不成立,所以将 y 的值赋值给 m,即 m=5。将 m 的值返回,赋值给 abmin,所以 abmin=5。

(13) 答案：A

整型变量 m 在函数外定义,因此 m 为全局变量,其作用域范围从其定义位置开始,一直到整个程序结束。因此 func 与 main 函数都可以访问 m。程序首先执行 main 函数,执行 printf("%d ",m);,即输出 m 的值 4。为了计算表达式 func(a,b)/m 的值,需要调用函数 func。此时 main 将 a、b 的值 2 和 3 作为实参传递给 func 的 x 和 y,程序开始转向执行 func 函数,此时 func 中的 x 为 2,y 为 3,执行 int m=1;,此句定义了一个局部变量 m 并赋值为 1。m 的作用域为其所在的复合语句,即 func 的函数体。执行 return(x * y−m);,即 return(2 * 3−1);,返回的是整数 5。func 函数返回至 main 函数中的被调用处,main 函数中 func(a,b)的值为 5,func(a,b)/m=5/4=1。注意,在 main 函数中访问的 m 为全局变量 m,此时 main 函数无法访问 func 中的 m,因为不在 func 中 m 的作用域。

(14) 答案：A

已知 result= Sub(x,y);,输入 6 和 3,将实参传给 Sub 函数的形参,即 x=6,y=3。在 Sub 函数中执行 x−y 操作,将结果返回并赋值给 result。因此 result=3。

(15) 答案：D

在整个程序运行期间,静态局部变量在内存的静态存储区中占据着永久的存储单元。本题由于连续 3 次调用函数 fun,3 次对静态变量 x 进行操作,x 的值应依次为 6、7、8。

(16) 答案：B

函数在调用的时候,实参和形参是可以同名的。

(17) 答案：A

函数声明一般出现在其函数定义的前面,函数声明主要确认传递给函数的参数类型、数目以及函数返回值的类型,函数声明里的每个形参可以省略名称,只写类型,但不可缺少类型说明。选项 A 中缺少对第二个参数的类型说明,所以错误。

(18) 答案:D

在内存中,实参单元与形参单元是不同的单元。在 C 语言中,仅在调用函数时给形参分配存储单元,并将实参对应的值传递给形参,调用结束后,形参单元被释放,实参单元仍保留并维持原值。

(19) 答案:C

函数形参和实参分别占用不同的内存单元,改变形参的值不会影响对应实参的值,选项 A 正确。指针类型的函数可以返回地址值,选项 B 正确。全局变量的作用域从此声明语句开始,到文件结束,选项 D 正确。函数中声明的静态变量,其作用域始于其声明语句,结束于函数体,选项 C 错误。

(20) 答案:A

C 语言中函数的数据类型指函数返回值的类型。

二、填空题参考答案

(1) 答案:9

本题考查函数调用的综合知识:

fun((int)fun(a+c,b),a−c)

fun((int)fun(10,5),2−8)

fun((int)15.000000,−6)

fun(15,−6)

(2) 答案:N

函数说明语句中的类型名必须与函数返回值的类型一致。本题实现的是在字符'A'的 ASCII 码值上加上一个常数,使之变成另一个 ASCII 码值。

(3) 答案:2

调用函数 fun(7)时,执行语句"p=x−fun(x−2);",相当于执行 p=7−fun(5);调用函数 fun(5)时,执行语句"p=x− fun(x−2);",相当于执行 p=7−fun(3);调用函数 fun(3)时,执行语句"p=x− fun(x−2);",相当于执行"p=7−fun(1)";调用函数 fun(1)时,执行语句"return (3);",函数的返回值为 3。因此函数调用 fun(7)等价于 7−(5−fun(3)),即 7 −(5 −(3−fun(1))),即 7−(5−(3−3)),函数 fun(7)的返回值为 2。

(4) 答案:31

在函数调用时,形参值改变时不会改变实参值。

(5) 答案:2

上述函数调用中,(e1,e2)和(e3,e4,e5)是两个带括号的表达式,所以函数调用只提供两个实参。

(6) 答案:22

在 main 函数中,调用 reverse 函数将 b 数组中的前 8 个成员进行反转,执行完毕后,b 数组中的成员为{8,7,6,5,4,3,2,1,9,10}。然后再执行 for 循环结构,将 b[6],b[7],…,b[9]的值相加,结果为 22。

（7）答案：a[0][I]
　　　　　　b[I][0]

b[i][N−1]= a[0][i]实现把 a 所指二维数组中的第 0 行放到 b 所指二维数组的最后一列中，b[I][0]=a[N−1][I] 实现将 a 所指 N 行 N 列的二维数组中的最后一行放到 b 所指二维数组中的第 0 列。

测试 8 参考答案及解析

一、选择题参考答案

（1）答案：A

C 语言中 [] 比 * 优先级高，因此 line 先与 [5] 结合，形成 line[5] 形式，这是数组形式，它有 5 个元素，然后再与 line 前面的 * 结合，表示此数组是一个指针数组，每个数组元素都是一个基类型为 char 的指针变量。

（2）答案：B

考查指向字符串的指针变量。在本题中，指针变量 p 指向的是该字符串的首地址，p+3 指向的是字符串结束标志'\0'的地址，因而 *(p+3) 的值为 0。

（3）答案：C

对于字符串指针，其保留的是整个串的首地址，即第一个字符的起始地址。当指针做加法运算时，就是该指针根据其类型向后移动相应的存储空间。

（4）答案：B

本题考查的是指向函数的指针。语句 int (* f)(int); 是对一个函数的声明，其中 f 是指向该函数的指针，该函数有一个整型参数，函数返回值类型为整型。

（5）答案：D

在程序中指针变量 p 最初指向 a[3]，执行 p 减 1 后，p 指向 a[2]，语句 y= * p 的作用是把 a[2] 的值赋给变量 y，所以输出为 y=3。

（6）答案：B

在内存中，字符数据以其对应的 ASCII 码值存储。C 语言中，字符型数据和整型数据之间可以通用，可以对字符型数据进行算术运算，此时相当于对它们的 ASCII 码值进行算术运算。

（7）答案：A

函数 fun(char * s[],int n) 的功能是对字符串数组的元素按照字符串的长度从小到大排序。在主函数中执行 fun(ss,5) 语句后，* ss[]={"xy", "bcc", "bbcc", "aabcc", "aaaacc"}，ss[0] 和 ss[4] 的输出结果分别为 xy 和 aaaacc。

（8）答案：A

函数的参数不仅可以是整型、实型、字符型等数据，还可以是指针型，它的作用是将一个变量的地址传递到另一个函数中。当数组名作参数时，如果形参数组中的各元素的值发生变化，实参数组元素的值也将随之发生变化。

（9）答案：D

本题 D 项中错误的关键是：对数组初始化时，可以在变量定义时整体赋初值，但不能在赋值语句中整体赋值,数组名是地址常量。

(10) 答案:D

本题中 fun 函数实现了字符串函数连接的功能,将字符串 aa 连接到字符串 ss 的末尾。

(11) 答案:D

指针变量 p 指向数组的首地址,for 循环语句中,指针变量 p 始终指向数组的首地址,因而执行循环赋值语句后,数组各元素的值均变为 2。

(12) 答案:D

本函数的功能是找出数组中的最大元素的位置及最大元素的值。

(13) 答案:C

p=&a[3]将指针指向数组 a 的第 4 个元素,p[5]指向由地址 p 开始的第 6 个元素,即数组 a 的第 9 个元素。

(14) 答案:C

函数形参和实参分别占用不同的内存单元,改变形参的值不会影响对应实参的值,选项 A 正确;指针类型的函数可以返回地址值,选项 B 正确;在文件 stdio. h 中,NULL 被定义为 void 型的指针,选项 D 正确;指针变量的值只能是存储单元地址,而不能是一个整数,选项 C 错误。

(15) 答案:A

strcpy 函数的功能是将一个字符串复制到一个字符数组中。strcpy 函数的结构是 strcpy(字符数组 1,字符串 2),需要注意字符数组 1 的长度不应小于字符串 2 的长度。

(16) 答案:A

通过 while 循环判断 t 指向的位置是否为空,同时让 t 向右移动一位。while 循环结束时,t 自减 1,此时 t 指向的位置是字符串的结束标志'\0'处,故 t−s 的值是字符串的长度。

(17) 答案:D

& 是求址运算符,* 是指针变量说明符或取地址内容运算符。选项 A、B 应改为 scanf("%d",p);。选项 C 中指针变量 p 未指向一个确定的内存单元,不能为其赋值。

(18) 答案:C

本题的 A 和 B 选项犯了同样的错误,即指针变量在定义后并没有指向具体的变量;在选项 D 中,s 是 int 型指针变量,p 是 char 型指针变量,所指向的内存单元所占用的字节数是不同的,因而不能将字符指针变量 p 的值赋给整型指针变量 s。

(19) 答案:C

本段程序的作用是输出字符串 language 中字母 u 之前的字符,并将其转化为大写字母。

(20) 答案:D

本题考查数组指针的应用。选项 D 第一层括号中为数组 a 中第 i 项元素的值,外面再加指针运算符没有意义。

二、填空题参考答案

(1) 答案：2

2468

在主函数中根据整型数组 x[] 的定义可知，x[1] 的初值等于 2。在 for 循环语句中，当 i=0 时，p[0]=&x[1]，p[0][0]=2；当 i=1 时，p[1]=&x[3]，p[1][0]=4；当 i=2 时，p[2]=&x[5]，p[2][0]=6；当 i=3 时，p[3]=&x[7]，p[3][0]=8。

(2) 答案：3　5

函数 swap 的功能是实现形参两个指针变量 a 和 b 中的两个地址交换，而实参变量 p 和 q 的值没有发生变化，所以输出结果为"3　5"。

(3) 答案：BCD　　　CD　　　D

本题考查指向字符串的指针的运算方法。执行 p=s+1 后，p 指向字符串中的第二个字符 B，然后输出值 BCD 并换行，依次执行循环语句。

(4) 答案：字符串 a 和 b 的长度之和

本题首先通过第一个 while 循环计算字符串 a 的长度，再通过第二个循环将字符串 a 和 b 相连，最后返回连接后的总长度。

(5) 答案：abcdefglkjih

sub 函数是对于字符数组 a 中从下标 t1 开始到下标 t2 结束的字符进行倒序处理。

(6) 答案：4

在主函数中，语句 p=a；p++；使用指针 p 指向数组 a[1]，所以输出结果为 4。

(7) 答案：60

本题中，代码定义 3 行 2 列的二维数组 a，定义指向两个元素的一维数组指针 p，并让 p 指向两维数组 a 的首行，则代码 *(*(p+2)+1) 中的 p+2 指向二维数组 a 的第三行 a[2]，*(p+2)+1 指向 a[2][1]，*(*(p+2)+1) 是引用 a[2][1]，其值是 60。

测试 9 参考答案及解析

一、选择题参考答案

(1) 答案：B

typedef 声明新的类型名 PER 来代替已有的类型名，PER 代表上面指定的一个结构体类型，可以用 PER 来定义变量。

(2) 答案：D

student 是类型名称，stu 是结构体实例变量。

(3) 答案：B

要引用结构成员，应在结构变量名称的后面加上一个句点，再加上成员变量名称。

(4) 答案：D

函数 f(c) 将结构体数组 c 的第二个变量 c[1] 改为 b。

(5) 答案：B

C 语言对所有自定义标识符都没有大小写的要求。

（6）答案：A

函数的返回值类型可以是结构体类型。

（7）答案：C

结构指针引用成员变量有两种方式,普通结构体变量引用成员变量只能使用成员选择运算符。

（8）答案：B

函数 fun(x+2)的作用是输出结构体数组 x 的第三个变量 x[2]中的成员变量 name。

（9）答案：A

d=f(c),函数 f(c)的作用是把结构体 c 的所有成员变量的值都变为结构体 b 的成员变量值。

（10）答案：B

题中定义了一个结构指针,使 p 指向数组 x 的首地址,那么 p 指向的便是 x[0],而 p->next 指向的是 x[1]。

（11）答案：C

字符数组不能直接赋值。

（12）答案：D

*p=dt 使 p 指向结构体数组 dt 的首地址,也就是 p 所指内容是 dt[0],那么 p->x 也就是 dt[0].x,即 1,再自加之后变为 2,同理++(p->y)为 3。

（13）答案：C

p=data[1]使指针 p 指向 data[1],p.a 也就是 data[1].a,值为 20,输出后自增。

（14）答案：B

S 是结构体类型名,T 是自定义结构体类型名。

（15）答案：B

(2,6)是一个逗号表达式,值为 6,不可以赋值给一个结构体。

（16）答案：D

结构体变量中的成员变量也是结构体,赋值规则不变。

（17）答案：B

详见主教材中结构体的定义。

（18）答案：D

f(a)将原结构体 a 中的成员变量值全都改变了。

（19）答案：C

共用体的每个成员的起始地址虽然相同,但是不同数据类型成员的存储方式不同,所以整型数 5 以浮点型输出时不再是 5 了。

（20）答案：A

本题考查的是 typedef 的用法和结构体变量的定义方法。typedef 可用于声明结构体类型,其格式为 typedef struct ⟨结构元素定义⟩结构类型。

二、填空题参考答案

（1）答案：PER

本题中,typedef 声明新的类型名 PER 来代替已有的类型名,PER 代表上面指定的结构体类型,可以用 PER 来定义变量。

(2) 答案: &p. ID

结构体变量通过符号"."获取其成员变量的值。

(3) 答案: 16

函数中结构体参数传递是值传递。

(4) 答案: 1001,ChangRong,1098.0

函数 f 的作用是用字符串 ChangRong 替代传递进来的结构体指针所指对象的 b 属性。

(5) 答案: p=p->next;

P 指向下一个节点的首地址。

(6) 答案: 30x

本题的参数传递属于值传递,所以被调用函数内不能改变调用函数中的数据。

(7) 答案: struct aa * lhead, * rchild;

这是结构体双向链表的定义。

(8) 答案: ->

若结构体变量 abc 有成员 a,并有指针 p_abc 指向结构变量 abc,则引用变量 abc 成员 a 的标记形式有 abc. a 和 p_abc->a。

(9) 答案: p->data

　　　　　q

本题考查的是链表这一数据结构对结构体变量中数据的引用。链表的特点是:结构体变量中有两个域,一个是数据,另一个是指向该结构体变量类型的指针,用以指明链表的下一个节点。

测试 10 参考答案及解析

一、选择题参考答案

(1) 答案: D

C 语言中的预处理命令以符号♯开头,这些命令是在程序编译之前进行处理的。

(2) 答案: C

编译预处理是在 C 文件源程序编译阶段完成。

(3) 答案: B

根据宏替换的替换规则可知: f(2)=2 * N+1=2 * 5+1=11,f(1+1)=1+1 * N+1=1+1 * 5+1=7。

(4) 答案: A

带参数的宏定义命令行形式为"♯define 宏名(形参表)替换文本"。首先进行 M 的宏替换,之后再进行 N 的宏替换,替换后的表达式为((a) * (b))/(c)。

(5) 答案: C

带参数的宏定义命令行形式为"♯define 宏名(形参表)替换文本"。a=M(n,m)=

n％m＝100％12＝4。

（6）答案：B

S(k+j)＝4＊(k+j)＊k+j+1＝4＊7＊5+2+1＝143。

（7）答案：B

f(2,3)＊f(2,3)＝2＊3+5＊2＊3+5＝41。

（8）答案：C

S(k+j)＝(k+j)＊k+j＊2＝(5+2)＊5+2＊2＝39,S((k−j))＝((k−j))＊(k−j)＊
2＝((5−2))＊(5−2)＊2＝18。

（9）答案：C

SUB(a+b)＊c＝(a+b)−(a+b)＊c＝(2+3)−(2+3)＊5＝−20。

（10）答案：A

s＝f(a+1)＝a+1＊a+1＊a+1＝3+1＊3+1＊3+1＝10,

t＝f((a+1))＝(a+1)＊(a+1)＊(a+1)＝(3+1)＊(3+1)＊(3+1)＝64。

（11）答案：D

宏定义命令行不是 C 语句,末尾不允许加分号。如果加上分号则会与分号一起进行
宏替换,将会产生语法错误。

（12）答案：C

宏名可以用小写,一般习惯用大写。预处理命令可以出现在任何位置,一般习惯写在源
程序开头。宏替换在编译之前完成,不占用程序运行时间。宏定义时,形参不能指定类型。

（13）答案：B

不带参数的宏展开是简单的字符串替换,带参数的宏不仅要进行字符串的替换,还要
进行参数替换,语句的宏展开为：z＝2＊(3+((3+1)＊5+1))＝48。

（14）答案：A

宏展开后为 c＝(a>b)?(a):(b)＊2;,赋值号右侧是条件表达式,(a>b)为真,将 a
的值赋给 c,所以 c＝5。

（15）答案：D

宏展开后要注意各语句之间的关系。宏展开后程序中的 if 语句为 if(a>b) s＝a;
a＝b;b＝s;,可见只有 s＝a;是 if 的内嵌语句。由于输入“1,2”,a＝1,b＝2,所以 if 后面
括号内的表达式 a>b 为假,所以 s＝a;不执行,但是 a＝b;b＝s;两条语句执行,从而使
a＝2,b＝0。

（16）答案：B

替换过程是：先使用实参 1+a+b 替换宏定义的形参 x,即变为 1+a+b ＊(1+a+
b−1),再用它替换 MA(1+a+b),计算结果为 8。

（17）答案：C

宏替换后,语句 char a＝N;变为 char a＝n;。这样一条语句在语法上是不正确的,所
以编译不成功。

（18）答案：C

在预处理时,用 type1.h 文件中的内容替换 ♯include "type1.h"行,然后进行宏替

换,M1+M2 被替换为 5 * 3+5 * 2,结果是 25。

(19) 答案:B

♯define N 100 表示用一个指定的标识符 N 代表 100,即在预处理时,将程序中该命令行之后的所有 N 都用 100 来替换,然后再经编译、连接之后执行。

(20) 答案:C

预处理后被替换为 i1=(8 * 8)/(4 * 4)=4 和 i2=(4+4 * 4+4)/(2+2 * 2+2)=3。

二、填空题参考答案

(1) 答案:22

x=2 * (N+M(2));变为 x=2 * (3 + (3+1) * 2);,输出为 22。

(2) 答案:宏展开

(3) 答案:42

替换后为 5 * 8+2,故表达式 5 * X 的值是 42。

(4) 答案:251

替换后为 10 * (5) * 5+1,故表达式 10 * (x) * x+1 的值是 251。

(5) 答案:31

宏替换展开为 5+2 * 5+2 * 8,所以结果是 31。

(6) 答案:449

宏替换展开为 8 * (5+2) * (5+2+1)+1,所以结果是 449。

(7) 答案:v=4.188789   s=12.566368

此程序要求掌握带参数宏定义中引用已定义宏的正确方法。

测试 11 参考答案及解析

一、选择题参考答案

(1) 答案:C

文件可以是文本文件,也可以是二进制文件。

(2) 答案:B

getchar 函数用于从终端读入字符。

(3) 答案:B

fp=fopen("file","w");为打开只写文件。如果该文件存在,则删除其现有数据;若不存在,则创建该文件。

(4) 答案:B

以 wt 方式写入的是字符文件,转义字符'\n'被看作两个字符来处理。而 wb 方式写入的是二进制文件,转义字符'\n'是一个字符。

(5) 答案:D

将有 6 个元素的整型数组分两行输出到一个文件中,因为输出的都是数字并且每行都没有分隔符,所以当再对其进行读取操作时,每一行都会被认为是一个完整的数,而换行符则作为它们的分隔符。

(6) 答案: C

这是一道考查 fread 函数的题。buf 是一个指针,在 fread 中是读入数据的存放地址,在 fwrite 中是输出数据的地址。

(7) 答案: A

首先利用 fwrite 函数将数组 a 中的数据写到文件中,接着 fseek 函数读文件的位置,指针从文件头向后移动 3 个 int 型数据,这时文件位置指针指向的是文件中的第 4 个数据,然后 fread 函数将文件 fp 中的 3 个数据 4、5、6 读到数组 a 中,这样就覆盖了数组中原来的前 3 项数据。最后数组中的数据就成了{4,5,6,4,5,6}。

(8) 答案: B

在函数中,首先把整型数组 a[10]中的每个元素写入文件 d1.dat 中,然后再次打开这个文件,把文件 d1.dat 中的内容读入整型变量 n 中,最后输出变量 n 的值。

(9) 答案: A

本题的功能是按顺序读两个文本文件并依次输出。当打开文件时出现错误,fopen 函数将返回 NULL。

(10) 答案: A

本题中,先将两个变量存放于文件中,然后打开文件,读出这两个变量并输出。

(11) 答案: D

本程序的功能是:将数组 a 写入文件 d2.dat 中,然后从文件中读出并逆序存储于数组 a 中,最后再将数组元素输出。结果为 654321。

(12) 答案: A

ftell 的功能是返回文件位置指针与文件首部的相对位置。fwrite 为向文件写入数据块。fputc 为向文件指针位置写入一个字符。fprintf 为向文件写入格式化数据。

(13) 答案: C

本题的程序是将数组 a 输入文件 d2.dat 中,然后 fscanf 函数将文件中的数值连续地复制给 k 和 n,3 次赋值后 k 为 5,n 为 6。

(14) 答案: C

本题先将 abc 写入 myfile.dat 文件中,再追加写入 28,文件内部指针重新指向文件开头,将文件内容赋值给字符串 str,然后再输出 str。

(15) 答案: C

本题的程序打开文件,清空现有内容,然后再写入 abc。

(16) 答案: B

本题程序以读写方式打开二进制文件 abc.dat,然后用 fwrite(s2, 7, 1, pf);语句将 Beijing 写入文件,之后文件内部指针回到文件开头,用 fwrite(s1, 5, 1, pf);语句将 China 写入,覆盖了 Beiji,关闭后文件内容就是 Chinang。

（17）答案：A

本题中程序出错在于 fout= fopen('abc. txt','w')；这个函数中的引号应该是双引号而不是单引号。正确的方法是 fout= fopen("abc. txt","w")；。

（18）答案：D

FILE 可以指向文本文件或二进制文件。

（19）答案：B

本题在文件中输入 123 后关闭，再以读方式打开并给 k 和 n 赋值，但是只有 k 赋值为 123，而 n 未获得新的赋值，因为 fscanf(fp, "%d%d", &k, &n)；中的%d%d 需要 2 个数值，而文件中只有一个 123，所以 n 并没有赋新值，仍然是初始化的 0。

（20）答案：C

本题程序先将数组元素写入文件。关闭后再次打开文件，内部指针在文件末尾，即最后一个文件的后面，再向前移动 2 个记录，此时为第 3 个记录。

二、程序填空题参考答案

（1）答案："filea. dat","r"

fopen 函数的调用方式通常为 fopen(文件名，使用文件方式)。本题中要求程序可以打开 filea. dat 文件，并且要读取文件中的内容，所以空白处应当填入 "filea. dat","r"。

（2）答案：1,2,3,0,0,1,2,3,0,0,

本题考查文件读写函数 fread 和 fwrite 的用法。fwrite 函数将数组 a 的前 5 个元素输出到文件 fp 中两次，共 10B，再调用 fread 函数从文件 fp 中读取这 10B 的数据到数组 a 中。

（3）答案：test

本题函数 fp= fopen("test. txt", "w+")；的作用是将文件 test. txt 中的内容清除，并写入新内容，即 test。

（4）答案：123456

本题程序为向二进制文件 test. dat 写入数组 x 的前 3 个元素，再读取，fwrite(x, sizeof(int), 3, fp)将数组 x 的前 3 个元素写入文件，rewind(fp)使文件内部指针重新指向文件开头，fread(x, sizeof(int), 3, fp)再将文件指针开始的 3 个数字写入 x，因为文件内部指针回到了文件开头，所以前 3 个数字是 123，也就是写入文件的数字 123 再写入数组中，实际上数组没有变化，还是 123456。

（5）答案：! feof(fp)

while 循环逐个读取文件中的字符，直到文件末尾结束。所以本题答案为!feof(fp)。

（6）答案：1 3 5 7 9

程序先建立一个 temp 文件，然后写入 1～10 这 10 个数字，注意它的格式，每次写入 3 字节。第二个 for 循环重头开始每隔 6 个字节读取一个数再输出，这样就跳过了偶数，只输出了奇数，注意输出格式中的空格。

（7）答案：456

程序以写方式打开 test. dat 文件，然后将数组 a 的元素写入，之后 rewind 重新定位到文件头，fseek(fp, 3, 0)；语句再向后移动 3 个记录，读取 3 个数值给 n 赋值，最后输出的结果为 456。

(8) 答案：firstd

本程序先打开文件 abc. dat,写入 second 字符串。然后用 fseek(fp, 0L, SEEK_
SET);语句将指针定位到文件头,再写入 first 字符串,将 secon 覆盖,最终结果 abc. dat
文件中的内容为 firstd。

测试 12 参考答案及解析

一、选择题参考答案

(1) 答案：D

在最坏情况下,快速排序、冒泡排序和直接插入排序需要的比较次数都为 n(n−1)/
2,堆排序需要的比较次数为 n log₂n。

(2) 答案：B

堆排序的比较次数为 n log₂n,直接插入排序的比较次数为 n(n−1)/2,快速排序的
比较次数为 n log₂n。

(3) 答案：D

假设线性表的长度为 n,则在最坏情况下,冒泡排序要经过 n/2 遍从前往后的扫描和
n/2 遍从后往前的扫描,需要的比较次数为 n(n−1)/2。

(4) 答案：D

依据后序遍历序列可确定根节点为 c;再依据中序遍历序列可知其左子树由 deba 构
成,右子树为空;又由左子树的后序遍历序列可知其根节点为 e,由中序遍历序列可知其
左子树为 d,右子树由 ba 构成,求得该二叉树的前序遍历序列为选项 D。

(5) 答案：C

程序中第一个循环的作用是使指针数组的元素分别指向二维数组 ch 的对应行字符
串;程序中第二个循环的功能是每隔一个取出数字字符,然后把这个数放到 s 的个位上,s
中的数字相应左移一位。

(6) 答案：C

对于字符串指针,其保留的是整个串的首地址,即第一个字符的起始地址。当该指针
做算术运算时,就是该指针根据其类型向后移动相应的存储空间。

(7) 答案：C

选项 B 应该是 char str[6];,选项 D 表述方法有错误。

(8) 答案：B

本程序将 3 个字符串连接起来,然后输出其长度。

(9) 答案：C

while(* a= ='*') a++;语句的功能是：如果 * a 的内容为 * ,则 a 指针向后移
动,直到遇到非 * 字符为止；在 while(* b= * a){b++;a++;}中,把字符数组 a 逐个
字符赋给字符数组 b。所以在主函数中执行 fun(s,t);语句后,字符数组 t 中的内容为

a*b****。

（10）答案：B

strcpy 函数的功能是将字符串 q 复制到从 p[3]位置开始的存储单元,同时复制字符串结束标志'\0'到 p[6]中。

（11）答案：A

本题删除字符串中所有空格,即除了空格以外的其他所有字符都要留下。

（12）答案：A

本题考查了用字符指针引用字符数组中的字符及对字符的操作。函数 abc()的作用是删除字符串中的字符 c。

（13）答案：D

本题算法是按列排序数组,然后输出其对角线上数据。

二、填空题参考答案

（1）答案：有序

（2）答案：DEBFCA

（3）答案：i≤n

$\qquad$ i%3==0||i%7==0

$\qquad$ 1.0/i 或 1/(double)i

（4）答案：——i

$\qquad$ str[i]—'0'

$\qquad$ t*10+k

（5）答案：b=i+1

本题考查了 for 循环语句的执行过程。执行一次循环体后 i 的值就增加 2,i 的初始值为 0,每次加 2 后的和累加至 a,所以 a 的值就是 1~10 的偶数之和；b 的值是 1~11 的奇数和,但在输出 b 值时,c 去掉多加的 11,即为 1~10 的奇数之和。

（6）答案：*s— *t

两字符串大小比较必须从它们的首字符开始,在对应字符相等的情况下循环,直至不相等结束。相等时,若字符串已到了字符串的结束标记符,则两字符串相同,函数返回 0值；如还有后继字符,则准备比较下一对字符。对应字符不相同,循环结束。循环结束时,就以两个当前字符的差返回,所以在空框处应填入 *s— *t,保证在 s＞t 时返回正值,在 s＜t 时返回负值。

测试 13 参考答案及解析

一、选择题参考答案

（1）答案：B

耦合性衡量不同模块彼此间互相依赖的紧密程度；内聚性衡量一个模块内部各个元素彼此结合的紧密程度。一般来说,要求模块之间的耦合尽可能地低,而内聚性尽可能地高。

(2) 答案：C

对象的基本特点是标识唯一性、分类性、多态性、封装性和模块独立性。

(3) 答案：D

面向对象思想中的 3 个主要特征是封装性、继承性和多态性。

(4) 答案：D

在结构化程序设计中，软件设计尽量做到高内聚、低耦合，这样有利于提高软件模块的独立性，也是模块划分的原则。

(5) 答案：A

对象是由数据和有关的操作组成的封装体，与客观实体有直接的对应关系，对象之间通过传递消息互相联系，从而模拟现实世界中不同事物彼此之间的联系。

(6) 答案：A

类即数据和操作的组合体，数据是类的静态特征，操作是类具有的动作。

(7) 答案：B

类的定义，如果有自身类对象，使得循环定义，B 项错误。在类中具有自身类的指针，可以实现链表的操作，当然也可以使用对象的引用，类中可以有另一个类的对象，即成员对象。

(8) 答案：B

对象访问成员的方式为"对象名. 成员"。对象指针访问成员可以有两种方式："(*对象指针). 成员"或者"对象指针->成员"。A 选项是访问数据成员，B 项是访问成员函数。

(9) 答案：C

继承指在原有类的基础上产生新类。数据封装即数据和操作组合在一起，形成类。信息的隐藏通过访问权限来实现。数据抽象是将事物的特征抽象为数据成员或服务。

(10) 答案：A

当在基类中不能为虚函数给出一个有意义的实现时，可以将其声明为纯虚函数，其实现由派生类完成。格式为 virtual＜函数返回类型说明符＞＜函数名＞(＜参数表＞)＝0;。

(11) 答案：B

构造函数不能被继承。

(12) 答案：C

建立对象时，自动构造函数的初始化对象是系统自动调用的。而成员函数、友元函数需要用户直接调用。

(13) 答案：D

类是相同类型事物的抽象，具有不同的操作。而模板是不同类型的事物具有相同的操作的抽象。类模板实例化后，各个对象没有任何关系。

(14) 答案：C

面向对象设计中，类的特点有抽象、封装、继承和多态等，继承用于对类的扩展。

（1）答案：封装、继承、多态

封装是指利用抽象数据类型和基于数据的操作结合在一起，数据被保护在抽象数据类型的内部，系统的其他部分只有通过包裹在数据之外被授权的操作才能与这个抽象数据类型进行交互。继承是一个类可以从另一个类继承状态和行为。多态是指一个程序中同名的方法共存的情况。

（2）答案：单继承

根据派生类所拥有的基类数目不同，可以分为单继承和多继承。一个类只有一个直接基类时称为单继承，而一个类同时有多个直接基类时则称为多继承。

测试 14 参考答案及解析

一、单选题参考答案

（1）答案：B

编译制导命令以♯pragma omp 开始，后边跟具体的功能指令。master 用于指定一段代码由主线程执行；single 用在并行域内，表示一段只被单个线程执行的代码；critical 用在一段代码临界区之前，保证每次只有一个 OpenMP 线程进入；atomic 用于指定一个数据操作需要原子性地完成。

（2）答案：C

Load-link 和 Store-conditional 是多线程中用来实现同步机制的一对指令。Load-link 指令返回内存位置的当前值，后续的 Store-conditional 指令先检查内存值是否在 Load-link 指令之后被更新，若没有，则向内存地址写入新值。

（3）答案：A

带宽是单位时间内能够在线路上传送的数据量，常用的单位是 b/s（位/秒）。

（4）答案：A

critical 用在一段代码临界区之前，保证每次只有一个 OpenMP 线程进入；barrier 用于并行域内代码的线程同步，线程执行到 barrier 时要停下等待，直到所有线程都执行到 barrier 时才能继续往下执行；atomic 用于指定一个数据操作需要原子性地完成；master 用于指定一段代码由主线程执行。

（5）答案：C

对于每一个线程来说，可能需要生成自己私有的线程数据，此时就需要使用 threadprivate 子句来标明某一个变量是线程私有数据，在程序运行的过程中，不能被其他线程访问，存储的位置是线程局部存储。

（6）答案：D

Intel 线程档案器为 OpenMP 提供了性能调试功能：降低并行代码和顺序代码的时间花费，控制线程任务量不均衡，控制并行过载、顺序过载和同步影响。

（7）答案：B

MPI 是目前应用最广的并行程序设计工具，几乎被所有并行计算环境和流行的多进程操作系统所支持。按照命名规范,所有 MPI 的名字都有前缀"MPI_",包含常量、变量、函数调用的名称。

(8) 答案:B

通信子中的所有进程都必须调用相同的集合通信函数,点对点通信函数是通过标签和通信子来匹配的。

(9) 答案:C

并行程序编写方法包括任务并行和数据并行,任务并行是将待解决问题所需要执行的任务分配到各个核,数据并行是将待解决问题所需要处理的数据分配到各个核。

(10) 答案:B

网格提供一种基础架构,使地理上分布的计算机大型网络转换成一个分布式内存系统。通常,这样的系统是异构的,即每个节点都是由不同的硬件构造的。

(11) 答案:D

操作系统中引入进程是为了使多个程序能并发执行,以提高资源的利用率和系统的吞吐量,引入线程是为了减少程序在并发执行时所付出的时空开销。在同一进程中,线程的切换不会引起进程的切换,但从一个进程中的线程切换到另一个进程中的线程,将会引起进程的切换。

(12) 答案:A

OpenCL 为异构平台提供了一个编写程序尤其是并行程序的开放的框架标准。OpenCL 提供了基于任务和基于数据两种并行计算机制。

(13) 答案:A

并行计算是基于消息传递的。消息传递的进程调用发送函数和接收函数。

(14) 答案:A

加速比是同一个任务在单处理器系统和并行处理器系统中运行消耗的时间的比率,用来衡量并行系统或程序并行化的性能和效果。并行程序的加速比不能随处理器执行核的数量按比例增长。

(15) 答案:C

collapse 指定在一个嵌套循环中多少次循环被合并到一个大的迭代空间。♯pragma omp for collapse(2)表示合并最外两层嵌套循环。

(16) 答案:C

并行计算机有 5 种访存模型:均匀访存模型(Uniform Memory Access,UMA)、非均匀访存模型(Non-Uniform Memory Access,NUMA)、全高速缓存访存模型(Cache-Only Memory Architecture,COMA)、一致性高速缓存非均匀存储访问模型(Cache-Coherent Non-Uniform Memory Access,CC-NUMA)、非远程存储访问模型(No-Remote Memory Access,NORMA)。多台 PC 通过网线连接形成的机群属于 NORMA 模型。

(17) 答案:D

PRAM(Parallel Random Access Machine,随机存取并行机器)模型,也称为共享存储的 SIMD 模型,是一种并行计算模型;BSP 模型是分布存储的 MIMD 计算模型,将处理器和路由器分开,强调了计算任务和通信任务的分开;LogP 模型是一种分布存储的、点到点通信的多处理机模型。

(18)答案:D

MPI 是一个跨语言的通信协议,用于编写并行计算程序,主要的 MPI-1 模型不包括共享内存概念,MPI-2 只有有限的分布共享内存概念;CUDA(Compute Unified Device Architecture)是显卡厂商 NVIDIA 推出的运算平台,包含了 CUDA 指令集架构(ISA)以及 GPU 内部的并行计算引擎,不需要共享内存;MapReduce 编程模型用于大规模数据集(大于 1TB)的并行运算,程序运行于分布式系统;POSIX 线程(POSIX threads)简称 Pthread,是线程的 POSIX 标准,用于创建和操纵线程,提供访问共享内存的机制。

(19)答案:A

atomic 用于指定一个数据操作需要原子性地完成;barrier 用于并行域内代码的线程同步,线程执行到 barrier 时要停下等待,直到所有线程都执行到 barrier 时才能继续往下执行;single 用在并行域内表示一段只被单个线程执行的代码;master 用于指定一段代码由主线程执行。

二、多选题参考答案

(1)答案:ABCD

MPI 可以绑定 C、C++、FORTRAN、Java 语言,可以使用以上语言进行并行计算的程序设计。

(2)答案:ABC

MPI 的消息传递包含了消息拆卸、消息传递、消息装配过程。

(3)答案:AB

在一个多任务操作系统中,如果一个进程需要等待某个资源,例如需要从外部的存储器读数据,则该进程会阻塞。这意味着该进程会停止运行,操作系统可以运行其他进程。但是,许多程序能够继续工作,即使当前运行的部分必须等待某些资源。例如,航班预订系统在一个用户因为等待座位图而阻塞时,可为另一个用户提供可用的航线查询。如果进程是执行的主线程,其他线程由主线程启动和停止,当一个线程开始时,它从进程中派生(fork)出来;当一个线程结束时,它合并(join)到进程中。

(4)答案:ABC

从串行化自身难题出发考虑问题,考虑少用锁、原子操作、设计和算法层面能够有效地解决问题,并行化设计也有自身的难题。

(5)答案:BCD

在并行程序设计中,需要创建多个 worker thread (Pthread)线程处理一些并行函数调用,完成并行计算。

(6)答案:AD

在并行运行的环境下,同一进程的两个线程之间运行时间最短的优先输出结果,但在同一进程内,运行是按照顺序进行的。

（7）答案：ABC

Intel 公司的 MKL 函数内部实现了多线程,同时,MKL 库的线程也是安全可靠的。

（8）答案：ABC

如果一个进程集合中的每个进程都在等待这个集合中的另一个进程(包括自身)才能继续往下执行,若无外力,它们将无法推进,这种情况就是死锁,处于死锁状态的进程称为死锁进程。系统中供多个进程共享的资源的数目不足以满足全部进程的需要时,就会引起对诸资源的竞争而发生死锁现象。

① 互斥条件:进程对所分配到的资源不允许其他进程进行访问,若其他进程访问该资源,只能等待,直至占有该资源的进程使用完成后释放该资源。

② 请求和保持条件:进程获得一定的资源之后,又对其他资源发出请求,但是该资源可能被其他进程占有,此时请求阻塞,但又对自己获得的资源保持不放。

③ 不可剥夺条件:是指进程已获得的资源,在未完成使用之前,不可被剥夺,只能在使用完后自己释放。

④ 环路等待条件:是指进程发生死锁后,必然存在一个进程——资源之间的环形链。进程 0 先执行 MPI_IRecv 接收 M1,然后执行 MPI_Send 发送 M0;进程 1 执行 MPI_Recv 接收 M0,然后先执行 MPI_Send 发送 M1。两者不存在进程顺序不当产生的"死锁"条件。

（9）答案：AB

使用原子操作和使用单核 CPU,程序指令运行具有唯一性,必须按照程序本身的顺序执行。

（10）答案：AC

线程和进程的关系为:在引入线程的操作系统中,进程之间可以并发执行,进程是拥有系统资源的一个独立单位,它可以拥有自己的资源。

测试 15 参考答案及解析

一、单选题参考答案

（1）答案：A

快速原型模型允许在需求分析阶段对软件的需求进行初步而非完全的分析和定义,快速设计开发出软件系统的原型,原型向用户展示待开发软件的全部或部分功能和性能。

（2）答案：A

质量检测能够保证每个软件项目开发的质量,防止传递软件差错。

（3）答案：D

IEEE 是电气和电子工程师协会(Institute of Electrical and Electronics Engineers)的简称,它制订的标准涉及太空、计算机、电信、生物医学、电力及消费性电子产品等领域,属于行业标准。

（4）答案：D

表现在程序中的故障并不一定是编码所引起的。很可能是详细设计、概要设计阶段甚至是需求分析阶段的问题引起的。解决问题、排除故障也必须追溯到前期的工作。选择合适的测试用例是软件测试的关键。

(5) 答案：D

数据流图(Data Flow Diagram,DFD)从数据传递和加工角度,以图形方式来表达系统的逻辑功能、数据在系统内部的逻辑流向和逻辑变换过程,描绘信息流和数据从输入移动到输出的过程中所经受的变换。

(6) 答案：D

控制耦合是指模块间不只传递数据,还传递控制信息。公共耦合指模块间依赖公共环境的数据,如公共变量等。内容耦合是一个模块可修改另一模块内容数据。数据耦合是模块间只通过数据传递信息。

(7) 答案：B

PDL 也可称为伪码或结构化语言,描述处理过程怎么做,不描述加工内容做什么。PDL 是一种非形式化的语言,对于控制结构的描述是确定的,而控制结构内部的描述语法不确定。

(8) 答案：D

详细设计与概要设计衔接的图形工具是 SC 图,即结构图。

(9) 答案：B

功能性注释是对程序算法结构或变量代码进行注释说明,便于阅读程序和理解程序。功能性注释放在代码结尾或代码行上方,不需要每行代码都注释。

(10) 答案：D

程序的效率与程序的简单性相关。一个简单的顺序程序,执行效率还是比较高的。一个复杂的迭代程序,根据算法和硬件的性能,若采用了不合理的设计,其效率不一定高。

(11) 答案：D

结构化维护对节省精力、减少花费、提高软件维护效率有很大的作用。结构化维护是软件工程中的一种思想原则,即按部就班、逐步推进,每个阶段都要有定义、工作、审查,每个阶段的工作均形成文档以供交流或备查,以提高软件的质量。

(12) 答案：C

在软件开发过程中,其开发方法的缺陷很容易造成后期的软件维护代价较高,需要在开发过程中尽量减少软件开发的各种缺陷。

(13) 答案：B

软件维护过程中,软件的效率与软件的可修改性是相互冲突的,软件的可修改性越好,其执行效率越低。如果软件的所有功能都设定为确定的内容,其运行按照确定的功能执行,效率极高。

(14) 答案：C

增量模型存在的主要问题是缺乏丰富而强有力的软件工具和开发环境。

(15) 答案：C

概要设计说明书又可称为系统设计说明书,这里所说的系统是指程序系统。编制的目的是说明对程序系统的设计考虑,包括程序系统的基本处理流程、程序系统的组织结构、模块划分、功能分配、接口设计、运行设计、安全设计、数据结构设计和出错处理设计等,为程序的详细设计提供基础。概要设计说明书是系统维护人员非常重要的文档。

（16）答案：D

冗余附加件的构成包括实现错误检测和错误恢复的程序。

（17）答案：A

对象模型描述了静态的、结构化的系统数据性质，描绘了系统的静态结构，从客观世界实体的对象关系角度来描述对象。动态模型描述了系统的控制结构，它表示瞬间的、行为化的系统的控制性质，它关心的是系统的挖掘及操作的执行顺序，从对象的事件和状态的角度出发，表现了对象的相互行为。功能模型描述了系统的所有计算，指出发生的时间和事件。

（18）答案：B

CASE（Computer Aided（or Assisted）Software Engineering，计算机辅助软件工程）指用来支持管理信息系统开发的、由各种计算机辅助软件和工具组成的大型综合性软件开发环境。

（19）答案：D

提高软件质量和可靠性的技术之一就是避开错误技术，但避开错误技术无法做到完美无缺和绝无错误，可以选择容错技术，即允许在出现程序错误的情况下运行。

（20）答案：D

为了提高软件测试的效率而选择发现错误可能性大的数据作为测试数据，这是很有效的一种方法。

二、多选题参考答案

（1）答案：ABCD

软件质量管理的重要性表现在降低成本、满足项目合同要求、应对市场竞争、适应软件开发质量管理标准化的发展趋势等方面。它是软件工程、CMM 过程管理的一部分。而方便与客户进一步沟通以及为后期的系统实施打好基础等是质量过程的一部分，不是软件质量管理重要性的体现。

（2）答案：ABC

从测试形态的角度，测试可以分为建构性测试、系统测试、专项测试。

（3）答案：ABC

黑盒测试方法包括测试用例覆盖、输入覆盖、输出覆盖。

（4）答案：ABC

编写测试计划的目的是使测试工作顺利进行，使项目参与人员沟通更顺畅，使测试工作更加系统化。

（5）答案：ABCD

4 种依存关系包括开始-结束、开始-开始、结束-开始、结束-结束。

（6）答案：ABC

控制软件质量的方法是验证与确认，确保设计反映了需求，确保架构合理。在测试阶段要严格执行测试，测试的规程要严格满足需求分析模型的要求。控制方法包含测试、监督和跟踪。

（7）答案：ABCD

实施缺陷跟踪的目的包括软件质量无法控制、问题无法量化、重复问题接连产生、解决问题的知识无法保留。

（8）答案：ABC

使用软件测试工具的目的包括帮助测试寻找问题、协助问题的诊断、节省测试时间。

（9）答案：ABCD

瀑布模型的4个阶段包括分析、设计、编码和测试。

（10）答案：ABC

PSP是指个人软件过程，是一种可用于控制、管理和改进个人软件工作方式的自我改善过程。

（11）答案：ABCD

软件验收测试的合格通过准则包括：软件需求分析说明书中定义的所有功能已全部实现，性能指标全部达到要求；所有测试项没有残余一级、二级和三级错误；立项审批表、需求分析文档、设计文档和编码实现一致；验收测试工件齐全。

（12）答案：ABCD

软件测试计划评审会需要项目经理、SQA负责人、配置负责人和测试组人员参加，相互配合完成软件评审。

（13）答案：AD

Alpha测试是由用户在开发环境下进行的测试，也可以是公司内部的用户在模拟实际操作环境下进行的受控测试，Alpha测试不能由程序员或测试员完成。Alpha测试发现的错误可以在测试现场立刻反馈给开发人员，由开发人员及时分析和处理。Alpha测试的目的是评价软件产品的功能、可使用性、可靠性和性能，尤其注重产品的界面和特色。Alpha测试可以从软件产品编码结束之后开始，或在模块（子系统）测试完成后开始，也可以在测试过程中确认产品达到一定的稳定和可靠程度之后再开始。有关的手册（草稿）等应该在Alpha测试前准备好。Alpha测试是验收测试。

（14）答案：BC

测试设计员是测试中的主要角色，该角色负责的内容包括：确定并描述具体的测试技术，确定相应的测试支持工具，设计测试用例，定义并维护测试自动化架构，详述和验证需要的测试环境配置。

（15）答案：ABC

软件实施活动的进入准则包括需求工件已经被基线化、详细设计工件已经被基线化、构架工件已经被基线化，然后开展软件实施活动。

常用 C 语言库函数

D.1 字符处理函数

要使用字符处理函数,需要利用 #include ＜ctype.h＞把 ctype.h 头文件包含到源程序文件中。

函 数 原 型	说　明
int isalpha(int ch)	判断 ch 是否字母,是则返回非 0 值,否则返回 0
int isalnum(int ch)	判断 ch 是否字母或数字,是则返回非 0 值,否则返回 0
int isascii(int ch)	判断 ch 是否字符(ASCII 码值 0～127),是则返回非 0 值,否则返回 0
int iscntrl(int ch)	判断 ch 是否控制字符,若 ch 是作废字符(0x7F)或普通控制字符(0x00～0x1F)返回非 0 值,否则返回 0
int isdigit(int ch)	判断 ch 是否数字,若 ch 是数字(0～9)返回非 0 值,否则返回 0
int isgraph(int ch)	判断 ch 是否可显示字符,若字符(0x21～0x7E)返回非 0 值,否则返回 0
int islower(int ch)	判断 ch 是否小写字母,若 ch 是小写字母(a～z)返回非 0 值,否则返回 0
int isprint(int ch)	若 ch 是可打印字符(含空格)(0x20～0x7E)返回非 0 值,否则返回 0
int ispunct(int ch)	若 ch 是标点字符(0x00～0x1F)返回非 0 值,否则返回 0
int isspace(int ch)	若 ch 是空格、水平制表符('\t')、回车符('\r')、回车('\f')、垂直制表符('\v')、换行符('\n')返回非 0 值,否则返回 0
int isupper(int ch)	若 ch 是大写字母(A～Z)返回非 0 值,否则返回 0
int isxdigit(int ch)	若 ch 是十六进制数(0～9,A～F,a～f)返回非 0 值,否则返回 0
int tolower(int ch)	若 ch 是大写字母(A～Z)返回相应的小写字母(a～z)
int toupper(int ch)	若 ch 是小写字母(a～z)返回相应的大写字母(A～Z)

D. 2　数学函数

要使用数学函数,需要利用♯include <math.h>把 math.h 头文件包含到源程序文件中。

函 数 原 型	说　明
int abs(int i)	返回整型参数 i 的绝对值
double　acos(double x)	返回 x 的反余弦 arccos(x)值,x 为弧度
double　asin(double x)	返回 x 的反正弦 arcsin(x)值,x 为弧度
double　atan(double x)	返回 x 的反正切 arctan(x)值,x 为弧度
double　atan2(double y,double x)	返回 y/x 的反正切 arctan(x)值,y 和 x 为弧度
double　cabs(struct complex znum)	返回复数 znum 的绝对值
double　ceil(double x)	返回不小于 x 的最小整数
double　cos(double x)	返回 x 的余弦 cos(x)值,x 为弧度
double　cosh(double x)	返回 x 的双曲余弦 cosh(x)值,x 为弧度
double　exp(double x)	返回指数函数 e^x 的值
double　fabs(double x)	返回双精度参数 x 的绝对值
double　floor(double x)	返回不大于 x 的最大整数
double　fmod(double x,double y)	返回 x/y 的余数
double　hypot(double x,double y)	返回直角三角形斜边的长度(z), x 和 y 为直角边的长度
long　labs(long n)	返回长整型参数 n 的绝对值
double　frexp(double value,int * eptr)	返回 value＝x * 2^n 中 x 的值,n 存储在 eptr 中
double　ldexp(double value,int exp)	返回 value * 2^{exp} 的值
double　log(double x)	返回 ln(x)的值
double　log10(double x)	返回 log(x)的值
double　pow(double x,double y)	返回指数函数(x^y)的值
double　pow10(int p)	返回 10 的 p 次方的值
void　rand(void)	产生一个随机数并返回这个数
double　sin(double x)	返回 x 的正弦 sin(x)值,x 为弧度
double　sinh(double x)	返回 x 的双曲正弦 sinh(x)值,x 为弧度
double　sqrt(double x)	返回 x 的平方根
void　srand(unsigned seed)	初始化随机数发生器
double　tan(double x)	返回 x 的正切 tan(x)值,x 为弧度
double　tanh(double x)	返回 x 的双曲正切 tanh(x)值,x 为弧度

D.3 字符串处理函数

要使用字符串处理函数,需要利用♯include <string.h>把 string.h 头文件包含到源程序文件中。

函 数 原 型	说　　明
char　* strcpy(char * dest,const char * src)	将字符串 src 复制到 dest
char　* strcat(char * dest,const char * src)	将字符串 src 添加到 dest 末尾
char　* strchr(const char * s,char c)	检索并返回字符 c 在字符串 s 中第一次出现的位置
int　strcmp(const char * s1,const char * s2)	比较字符串 s1 与 s2 的大小,s1<s2 返回负数,s1=s2 返回 0,s1>s2 返回正数
char　* strdup(const char * s)	将字符串 s 复制到新建立的内存区域,并返回该区域首地址
size_t strlen(const char * s)	返回字符串 s 的长度
char　* strstr(char * str1, char * str2)	在串 str1 中查找指定字符串 str2 的第一次出现的位置,返回指向 str1 的字符型指针
char　* strlwr(char * s)	将字符串 s 中的大写字母全部转换成小写字母,并返回转换后的字符串
char　* strrchr(char * str, char c)	在串 str 中查找指定字符 c 的最后一个出现的位置
char　* strncat(char * dest,const char * src,size_t maxlen)	将字符串 src 中最多 maxlen 个字符添加到到字符串 dest 末尾
int　strncmp(const char * s1,const char * s2,size_t maxlen)	比较字符串 s1 与 s2 中的前 maxlen 个字符
char　* strncpy(char * dest, const char * src,size_t maxlen)	复制 src 中的前 maxlen 个字符到 dest 中
int　strnicmp(const char * s1,const char * s2,size_t maxlen)	比较字符串 s1 与 s2 中的前 maxlen 个字符(不区分大小写字母)
char　* strnset(char * s,int ch,size_t n)	将字符串 s 的前 n 个字符更改为 ch,并返回修改后的字符串
char　* strset(char * s,int ch)	将字符串 s 中的所有字符置于一个给定的字符 ch
char　strupr(char * s)	将字符串 s 中的小写字母全部转换成大写字母,并返回转换后的字符串
int　tolower(int ch)	返回 ch 所代表的字符的小写字母
int　toupper(int ch)	返回字符 ch 相应的大写字母

D.4 输入输出函数

要使用输入输出函数,需要利用#include <stdio.h>把 stdio.h 头文件包含到源程序文件中。另外,在一些编译系统中,输入输出函数可能在头文件 io.h 中,需要利用#include <io.h>将 io.h 头文件包含到源程序文件中。

函 数 原 型	说 明
int chmod(const char * filename, int permiss)	用来改变文件的属性。成功返回 0,否则返回−1
int close(int handle)	关闭 handle 所表示的文件处理,成功返回 0,否则返回−1
void clearerr(FILE * stream)	清除流 stream 上的读写错误
int chsize(int handle, long size)	改变文件大小。参数 size 表示文件新的长度。如果指定的长度小于文件长度,则文件被截短;如果指定的长度大于文件长度,则在文件后面补'\0'
int cprintf(const char * format[, argument,…])	将格式化字符串输出到屏幕上
void cputs(const char * string)	写字符到屏幕,即发送一个字符串 string 输出到屏幕上
int creat(char * filename, int permiss)	建立一个新文件 filename,并设定文件属性,如果文件已经存在,则清除文件原有内容
int creatnew(char * filenamt, int attrib)	建立一个新文件 filename,并设定文件属性,如果文件已经存在,则返回出错信息。attrib 为文件属性,可以为以下值:FA_RDONLY(只读)、FA_HIDDEN(隐藏)、FA_SYSTEM(系统)
int cscanf(char * format[, argument …])	直接从控制台(键盘)读入数据
int eof(int * handle)	检查文件是否结束,结束返回 1,否则返回 0
int fclose(FILE * stream)	关闭一个流,可以是文件或设备(例如 LPT1)
int fcloseall()	关闭所有除 stdin 或 stdout 外的流
int feof(FILE * stream)	检测流 stream 上的文件指针是否在结束位置
int ferror(FILE * stream)	检测流 stream 上是否有读写错误,如有错误就返回 1
long filelength(int handle)	返回文件长度,handle 为文件号
int fgetc(FILE * stream)	从流 stream 处读一个字符,并返回这个字符
int fgetchar()	从标准输入设备读一个字符,显示在屏幕上
char * fgets(char * string, int n, FILE * stream)	从流 stream 中读 n 个字符存入 string 中
FILE * fopen(char * filename, char * type)	打开一个文件 filename,打开方式为 type,并返回这个文件指针

函 数 原 型	说　　明
int　fprintf（FILE * stream, char * format[,argument,…]）	以格式化形式将一个字符串写入指定的流 stream
int　fputc(int ch,FILE * stream)	将字符 ch 写入流 stream 中
int　fputs(char * string,FILE * stream)	将字符串 string 写入流 stream 中
int　fread（void * ptr, int size, int nitems,FILE * stream)	从流 stream 中读入 nitems 个长度为 size 的字符串存入 ptr 中
int　fscanf（FILE * stream, char * format[,argument,…]）	fscanf 扫描输入字段,从流 stream 读入,每读入一个字段,就依次按照由 format 所指的格式串中取一个从％开始的格式,进行格式化之后存入对应的地址 address 中
int　fseek(FILE * stream,long offset, int fromwhere)	把文件指针移到 fromwhere 所指位置的向后 offset 个字节处,fromwhere 可以为以下值: SEEK_SET(文件开头)、SEEK_CUR(当前位置)、SEEK_END(文件结尾)
long　ftell(FILE * stream)	函数返回定位在 stream 中的当前文件指针位置,以字节表示
int　fwrite（void * ptr, int size, int nitems,FILE * stream)	从指针 ptr 开始把 nitems 个数据项添加到给定输出流 stream,每个数据项的长度为 size 个字节
int　getc(FILE * stream)	从流 stream 中读一个字符,并返回这个字符
int　getch()	从标准输入设备读一个字符,不显示在屏幕上
int　getchar()	从标准输入设备读一个字符,显示在屏幕上
char * gets(char * string)	从流中取一字符串。若成功则返回 string,否则返回一个空指针
int　getw(FILE * stream)	从流 stream 读入一个整数,错误返回 EOF
int　open(char * filename, int mode)	以 mode 指出的方式打开存在的名为 filename 的文件
int　printf(char * format[,argument,…])	发送格式化字符串输出给标准输出设备
int　putc(int ch,FILE * stream)	向流 stream 写入一个字符 ch,stream 为要读出的文件的指针
int　putchar()	向标准输出设备写一个字符
int　puts(char * string)	发送一个字符串 string 给标准输出设备
int　putw(int w,FILE * stream)	向流 stream 写入一个整数
int　read（int handle, void * buf, int nbyte）	从文件号为 handle 的文件中读 nbyte 个字符存入 buf 中,返回真正读入的字节个数。遇到文件结束返回 0,出错返回－1
int　remove(char * filename)	删除一个文件,若文件被成功地删除返回 0,出错返回－1
int　rename（char * oldname, char * newname）	重命名文件,成功返回 0,出错返回－1

函 数 原 型	说　明
int　rewind(FILE ∗ stream)	将当前文件指针 stream 移到文件开头
int　scanf(char ∗ format[, argument …])	从标准输入设备按 format 指定的格式输入数据,赋给 argument 指向的单元。文件结束返回 EOF,出错返回 0
int　write(int handle, void ∗ buf, int nbyte)	将 buf 中的 nbyte 个字符写入文件号为 handle 的文件中。返回实际输出的字节数,出错返回−1

D.5　动态存储分配函数

要使用动态存储分配函数,需要利用♯include ＜malloc.h＞或♯include ＜stdlib.h＞把 malloc.h 或 stdlib.h 头文件包含到源程序文件中。

函 数 原 型	说　明
void　∗ calloc(unsigned nelem, unsigned elsize)	分配 nelem 个长度为 elsize 的内存空间,并返回所分配内存的指针
void　∗ malloc(unsigned size)	分配 size 个字节的内存空间,并返回所分配内存的指针
void　free(void ∗ ptr)	释放先前所分配的内存,所要释放的内存的指针为 ptr
void　∗ realloc(void ∗ ptr, unsigned newsize)	改变已分配内存的大小,ptr 为已分配内存区域的指针,newsize 为新的长度,返回分配好的内存指针。

D.6　时间日期函数

要使用时间日期函数时,需要使用♯include ＜time.h＞把 time.h 头文件包含到源程序文件中。个别函数在其他头文件中,详见表中的说明。另外,在一些编译系统中,时间日期函数可能在头文件 bios.h 中,需要使用♯include ＜bios.h＞将 bios.h 头文件包含在源程序文件中。

函 数 原 型	说　明
long biostime (int cmd, long newtime)	读取或设置 BIOS 时间,头文件为 bios.h。cmd 是 0,返回时钟的当前值;cmd 是 1,置时针为 newtime 的值
clock_t clock(void)	返回程序开始运行到现在所花费的时间
int getftime (int handle, struct ftime ∗ ftimep)	取文件日期和时间并返回日期和时间
void getdate(struct date ∗ dateblk)	取 DOS 日期。头文件为 dos.h
int stime(long ∗ tp)	设置系统时间为 tp 所指值
long time(long ∗ tloc)	返回系统的当前时间

D.7 目录函数

要使用目录函数,需要利用♯include <dir.h>把 dir.h 头文件包含到源程序文件中。

函 数 原 型	说　　明
int chdir(const char　* path)	使路径名由 path 所指的目录变为当前工作目录。成功返回 0,否则返回-1
int mkdir(const　char　* path)	用 path 所指路径名建立一个目录
int rmdir(const char　* path)	删除由 path 所指的目录,目录在被删除时必须是空的,不必是当前目录,且不必是根目录
int setdisk(int drive)	将当前驱动器置为 drive 所指定的驱动器。返回系统中驱动器的总数